– **Reformierte Rechtschreibung** –

6. Auflage 6 8 7 6 5 4 | 2002 2001 2000 99 98
Die letzte Zahl bedeutet das Jahr des Druckes.

Zeichnungen: Christel Aumann, Peter Bauer, München
Gesamtherstellung: Pustet, Regensburg
Printed in Germany

ISBN 3-87488-**064**-8

Physikalische Formeln und Tabellen

mit 40 teils zweifarbigen Abbildungen

von

Dr. Anton Hammer †
Dr. Hildegard Hammer
Dr. Karl Hammer

J. LINDAUER VERLAG (SCHAEFER) · MÜNCHE

VORWORT

Dieses Büchlein „Physikalische Formeln und Tabellen" verzichtet bewusst auf Herleitungen; in den Zusätzen zu den Gleichungen wird lediglich die Bedeutung der Formelzeichen angegeben. Es will nur eine Gedächtnisstütze bieten; den physikalischen Inhalt sollte der Benutzer kennen.

Der ausgedehnte Tabellenteil macht es überflüssig, bei Aufgaben Werte physikalischer Größen anzugeben.

Die 6. Auflage von „Physikalische Formeln und Tabellen" wurde an die neuen Lehrpläne für die bayerischen Gymnasien angepasst. Zu diesem Zweck wurde der Abschnitt „E 3 Magnetisches Feld" neu verfasst und der Abschnitt „10.6 Schallfeld" hinzugefügt. Die Definition der Aktivität radioaktiver Stoffe wurde präziser gefasst. In diesem Zusammenhang wurde auch der Begriff „Nuklid" eindeutiger formuliert. Die Tabellen T 15 bis T 20 wurden entsprechend überarbeitet.

Wie in den früheren Auflagen wurden die deutschen Normen und die Empfehlungen der International Union of Pure and Applied Physics (I.U.P.A.P.) beachtet. Dementsprechend wurden die physikalischen Konstanten an den neuesten Stand angepasst. Ferner wurde die neue Definition der Einheit Candela aufgenommen. Schließlich wurde das Periodensystem der Elemente so angeordnet, wie es heute international üblich ist.

München, im Herbst 1994
Hildegard Hammer
Karl Hammer

INHALT

Hinweise für den Benutzer 6

M Mechanik

1 Wichtige Gleichungen der elementaren Mechanik 7
2 Bewegung eines punktförmigen Körpers 9
3 Grundlagen der NEWTON-Mechanik 12
4 Kraftstoß und Impuls (Bewegungsgröße) 13
5 Arbeit, Leistung und Energie 14
6 Gesetze des geraden, zentralen Stoßes 16
7 Gravitation – Bewegungen von Himmelskörpern 16
8 Drehbewegung eines starren Körpers 19
9 Mechanische Schwingungen 21
10 Mechanische Wellen – Akustik 23
11 Strömungslehre 28

W Wärmelehre

1 Zusammenhang zwischen Temperaturangaben nach CELSIUS und der thermodynamischen Temperatur 31
2 Ausdehnung der Körper bei Erwärmung 31
3 Molekulare Größen 32
4 Kinetische Gastheorie 32
5 Zustandsgleichung des idealen Gases 33
6 Wärme und Wärmekapazität 34
7 Hauptsätze der Wärmelehre 35
8 Änderung des Luftdrucks mit der Höhe 35

E Elektrizitätslehre

1 Einige wichtige Gleichungen der elementaren Elektrizitätslehre . . . 36
2 Elektrisches Feld 38
3 Magnetisches Feld 42
4 Wechselstromkreis 45
5 Elektromagnetischer Schwingkreis 47
6 Elektromagnetische Wellen 48

O Optik

1 Einige wichtige Gesetze der geometrischen Optik 50
2 Wellenoptik 51
3 Strahlung 53

A Atomphysik

1 Geladene Teilchen im elektrischen und magnetischen Feld 55
2 Photon 56
3 Unschärferelationen von HEISENBERG 57
4 Materiewellen 57
5 Atombau 58
6 Kernaufbau 59
7 Radioaktivität 61

R Spezielle Relativitätstheorie

1 Relativistische Kinematik 63
2 Relativistische Dynamik 64

AS Astronomie

1 Astronomische Entfernungen 65
2 Die Sonne und ihre Planeten 65
3 Strahlung und Entfernung der Sterne 66

T Tabellen

1 Physikalische Größen, ihre Zeichen und Einheiten 68
2 Gesetzliche Einheiten 73
3 Wichtige Konstanten der Physik 76
4 Dichte 78
5 Reibungszahlen und Widerstandsbeiwerte 79
6 Astronomische Daten 80
7 Trägheitsmomente 81
8 Thermische Daten 81
9 Schallgeschwindigkeit c für Längswellen 83
10 Spezifischer elektrischer Widerstand ϱ bei 20 °C 83
11 Wellenlänge λ einiger wichtiger Spektrallinien in Luft 84
12 Brechzahl n für Licht der Wellenlänge λ = 589,3 nm (D-Linie) bei 20 °C 84
13 Kantenlänge a der Elementarzelle kubisch kristallisierender Metalle bei 20 °C 85
14 Austrittsarbeit und Grenzwellenlänge für den lichtelektrischen Effekt einiger Metalle 85
15 Periodensystem der chemischen Elemente 86
16 Übersicht über die chemischen Elemente 88
17 Bindungsenergie E_b und äquivalente Masse $m_b = E_b / c^2$ der Elektronenhülle verschiedener chemischer Elemente 89
18 Kernmasse m_k und Atommasse m_a von Nukliden 90
19 Zerfallsreihen von Radionukliden 92
20 Beispiele radioaktiver Präparate für Schulversuche 94

Stichwortverzeichnis 95

Hinweise für den Benutzer

1. Die Formeln dieser Zusammenstellung sind in der Regel *Größengleichungen*; diese gelten für beliebige Einheiten und können deshalb keine bestimmten Einheiten enthalten.

   Die *Einheiten* der vorkommenden Größen im internationalen Einheitensystem und die *Umrechnungsfaktoren* in andere gebräuchliche Einheiten sind im Tabellenteil (T1 und T2) angegeben, soweit sie vom Benutzerkreis gebraucht werden.

2. Die *Hauptabschnitte* sind durch große Buchstaben (M, W, E, O, A, R, AS, T) vor der Abschnittsnummer gekennzeichnet. Diese Buchstaben stehen auch noch jeweils auf der rechten Seite neben der Seitenzahl; so erkennt man sofort beim Aufschlagen, in welchem Hauptabschnitt man sich befindet. Durch die *Unterteilung* der einzelnen Abschnitte soll erreicht werden, daß die Formeln rasch nachgeschlagen werden können.

3. In den *Zusätzen* zu den Gleichungen wird die Bedeutung der vorkommenden Formelzeichen erläutert. Um die gleiche Angabe nicht gar zu oft wiederkehren zu lassen, wird sie in der Regel erst wieder im nächsten Abschnitt gebracht; z. B. ist die Erklärung eines Formelzeichens, die schon einmal in M 3 steht, erst wieder in M 4 zu erwarten.

4. Die Werte *physikalischer Konstanten*, die im Textteil vorkommen, sind in T3 zu finden.

M 1 Wichtige Gleichungen der elementaren Mechanik

1.1 Dichte ϱ (Definition)

$$\varrho = \frac{m}{V}$$

m ist die Masse des Körpers,
V sein Volumen.

1.2 Hooke-Gesetz

$$F = D\,s$$

F ist der Betrag der Kraft, mit der eine Feder um die Länge s gedehnt wird;
D ist die Federkonstante.

1.3 Reibungskraft $\vec{F}_\mathrm{r}$

$$F_\mathrm{r} = \mu\,F_\mathrm{n}$$

F_r ist der Betrag der Reibungskraft,
μ die Reibungszahl,
F_n der Betrag der Normalkraft, mit der ein Körper auf die Unterlage gepresst wird.

1.4 Statisches Gleichgewicht an einem punktförmigen Körper

$$\sum_{i=1}^{n} \vec{F}_i = 0$$

$\vec{F}_i$ ist eine an dem punktförmigen Körper angreifende Kraft.

1.5 Drehmoment (Kraftmoment) $\vec{M}$

1.5.1 Elementare Definition (nicht vektoriell)

$$M = F\,l$$

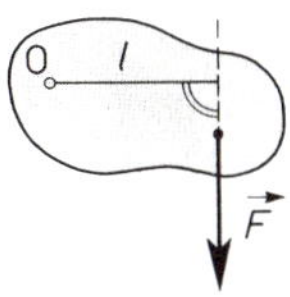

Der Kraftarm l ist der Abstand der Drehachse von der Wirkungslinie der Kraft,
F der Betrag der Kraft.
M ist rechtsdrehend, wenn es im Uhrzeigersinn dreht.

1.5.2 Drehmoment als Vektor (Definition)

$$\vec{M} = \vec{r} \times \vec{F}$$

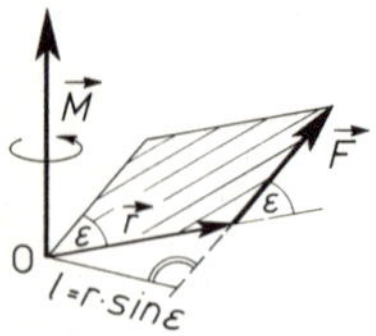

$\vec{r}$ ist der Ortsvektor des Angriffspunktes der Kraft $\vec{F}$.
$\vec{M}$ ist das Vektorprodukt von $\vec{r}$ und $\vec{F}$.
$|\vec{M}| = F\, r \sin \varepsilon$.

1.6 Hebelgesetz (Gleichgewichtsbedingung)

$$\sum_{i=1}^{n} \overleftarrow{M_i} = \sum_{k=1}^{m} \overrightarrow{M_k}$$

$\overleftarrow{M_i}$ ist ein linksdrehendes,

$\overrightarrow{M_k}$ ein rechtsdrehendes Drehmoment.

1.7 Druck p (Definition)

$$p = \frac{F_n}{A}$$

F_n ist der Betrag der senkrecht zur Fläche A wirkenden Kraftkomponente $\vec{F}_n$.

1.8 Hydrostatischer Druck p_h

$$p_h = \varrho\, g\, h$$

ϱ ist die Dichte der Flüssigkeit,
g der Ortsfaktor (Betrag der Fallbeschleunigung),
h die Höhe der Flüssigkeitssäule.

1.9 Auftrieb in Gasen und Flüssigkeiten

$$F_A = \varrho\, g\, V_K$$

F_A ist der Betrag der Auftriebskraft $\vec{F}_A$,
ϱ die Dichte des Gases oder der Flüssigkeit,
g der Ortsfaktor (Betrag der Fallbeschleunigung),
V_K das Volumen des eintauchenden Teiles des Körpers.

Die Richtung von $\vec{F}_A$ ist entgegengesetzt zur Richtung der Körpergewichtskraft.

M 2 Bewegung eines punktförmigen Körpers

2.1 Geradlinige Bewegung

Der Körper bewegt sich auf der x-Achse eines Koordinatensystems.

2.1.1 Geradlinige Bewegung mit konstanter Geschwindigkeit

Die konstante Geschwindigkeit v ist:

$$v = \frac{\Delta x}{\Delta t}$$

x ist die Ortskoordinate zur Zeit t,
$\Delta x = x_2(t_2) - x_1(t_1) = x_2 - x_1$ und
$\Delta t = t_2 - t_1$.

Ist speziell $x_1 = 0$ für $t_1 = 0$ und $x_2 = x$ für $t_2 = t$, so ist:

$$v = \frac{x}{t}$$

2.1.2 Geradlinige Bewegung mit konstanter Beschleunigung

Bewegungsgleichungen:

$$v = v_0 + a\,t$$
$$x = v_0\,t + \frac{a}{2}\,t^2$$
$$2\,a\,x = v^2 - v_0^2$$

v ist die Geschwindigkeit zur Zeit t,
v_0 die Anfangsgeschwindigkeit ($t_0 = 0$),
a die konstante Beschleunigung.

2.2 Vektorielle Beschreibung einfacher Bewegungen in einer Ebene

2.2.1 Ortsvektor $\vec{r}\,(t)$

$x(t)$ und $y(t)$ sind die Koordinaten des Ortsvektors $\vec{r}\,(t)$, der zur Zeit t vom Nullpunkt des Koordinatensystems aus zum Bahnpunkt weist.

$$\vec{r}\,(t) = \begin{pmatrix} x(t) \\ y(t) \end{pmatrix}$$

2.2.2 Geschwindigkeitsvektor $\vec{v}\,(t)$

Definition des Geschwindigkeitsvektors $\vec{v}\,(t)$:

$$\vec{v}\,(t) = \lim_{\Delta t \to 0} \frac{\Delta \vec{r}\,(t)}{\Delta t} = \frac{\mathrm{d}\vec{r}\,(t)}{\mathrm{d}t} = \dot{\vec{r}}\,(t)$$

$$\vec{v}\,(t) = \begin{pmatrix} v_x(t) \\ v_y(t) \end{pmatrix} = \begin{pmatrix} \dot{x}(t) \\ \dot{y}(t) \end{pmatrix} = \dot{\vec{r}}\,(t)$$

$\Delta \vec{r}\,(t)$ ist die Differenz der Ortsvektoren,
Δt das zugehörige Zeitintervall.
$v_x(t)$ und $v_y(t)$ sind die Koordinaten des Geschwindigkeitsvektors $\vec{v}\,(t)$,
$\dot{x}(t)$, $\dot{y}(t)$ und $\dot{\vec{r}}\,(t)$ sind die ersten Ableitungen nach der Zeit.

2.2.3 Beschleunigungsvektor $\vec{a}\,(t)$

Definition des Beschleunigungsvektors $\vec{a}\,(t)$:

$$\vec{a}\,(t) = \lim_{\Delta t \to 0} \frac{\Delta \vec{v}\,(t)}{\Delta t} = \frac{\mathrm{d}\,\vec{v}\,(t)}{\mathrm{d}\,t} = \dot{\vec{v}}\,(t) = \ddot{\vec{r}}\,(t)$$

$\Delta\,\vec{v}\,(t)$ ist die Differenz der Geschwindigkeitsvektoren, Δt das zugehörige Zeitintervall. $a_x(t)$ und $a_y(t)$ sind die Koordinaten des Beschleunigungsvektors $\vec{a}\,(t)$, $\dot{v}_x(t)$, $\dot{v}_y(t)$, $\dot{\vec{v}}\,(t)$ sind die ersten Ableitungen und $\ddot{\vec{r}}\,(t)$ ist die zweite Ableitung nach der Zeit.

$$\vec{a}\,(t) = \begin{pmatrix} a_x(t) \\ a_y(t) \end{pmatrix} = \begin{pmatrix} \dot{v}_x(t) \\ \dot{v}_y(t) \end{pmatrix} = \dot{\vec{v}}\,(t) = \ddot{\vec{r}}\,(t)$$

2.3 Vektorielle Darstellung der Bewegungsgleichungen

$\vec{r}\,(t)$ ist der Ortsvektor,
$\vec{v}\,(t)$ der Geschwindigkeitsvektor zur Zeit t,
$\vec{v}_0$ der Geschwindigkeitsvektor zur Zeit $t = 0$,
$\vec{a}$ der konstante Beschleunigungsvektor.

$$\vec{v}\,(t) = \dot{\vec{r}}\,(t) = \vec{v}_0 + \vec{a}\,t$$

$$\vec{r}\,(t) = \vec{v}_0\,t + \frac{\vec{a}}{2}\,t^2$$

2.4 Waagrechter Wurf

2.4.1 Ortsvektor $\vec{r}\,(t)$

v_0 ist die waagrechte Anfangsgeschwindigkeit,
g der Betrag der Fallbeschleunigung.

$$\vec{r}\,(t) = \begin{pmatrix} v_0\,t \\ -\frac{1}{2}\,g\,t^2 \end{pmatrix}$$

2.4.2 Geschwindigkeitsvektor $\vec{v}\,(t)$

$$\vec{v}\,(t) = \begin{pmatrix} v_0 \\ -\,g\,t \end{pmatrix}$$

2.4.3 Beschleunigungsvektor $\vec{a}\,(t)$

$$\vec{a}\,(t) = \begin{pmatrix} 0 \\ -\,g \end{pmatrix}$$

2.5 Kreisbewegung mit konstanter Winkelgeschwindigkeit

2.5.1 Frequenz f (Definition)

k ist die Zahl der Umläufe,
t die zugehörige Zeitspanne.

$$f = \frac{k}{t}$$

Daraus folgt:

T ist die Dauer eines Umlaufes (Umlaufsdauer).

$$f = \frac{1}{T}$$

2.5.2 Drehwinkel (Winkelweg) φ (Definition)

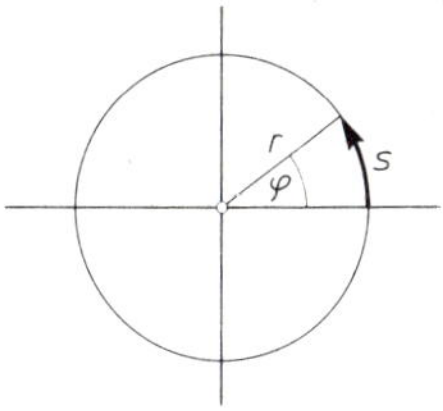

s ist der Bogen auf dem Kreis mit dem Radius r.

$$\varphi = \frac{s}{r}$$

2.5.3 Winkelgeschwindigkeit ω (Definition)

$\omega = \text{const}$

$$\omega = \frac{\Delta \varphi}{\Delta t} = \frac{\varphi}{t} = \frac{2\pi}{T} = 2\pi f$$

2.5.4 Ortsvektor $\vec{r}\,(t)$

r ist der Kreisradius,
t die Zeit und
ω die konstante Winkelgeschwindigkeit.

$$\vec{r}\,(t) = r \begin{pmatrix} \cos \omega t \\ \sin \omega t \end{pmatrix}$$

2.5.5 Vektor der Bahngeschwindigkeit $\vec{v}\,(t)$

$$\vec{v}\,(t) = r\omega \begin{pmatrix} -\sin \omega t \\ \cos \omega t \end{pmatrix}$$

Der Betrag der Bahngeschwindigkeit ist:

$$v = r\omega$$

2.5.6 Vektor der Zentripetalbeschleunigung $\vec{a}_r\,(t)$

$$\vec{a}_r\,(t) = -r\omega^2 \begin{pmatrix} \cos \omega t \\ \sin \omega t \end{pmatrix}$$

Der Betrag der Zentripetalbeschleunigung ist:

$$a_r = r\omega^2 = \frac{v^2}{r}$$

M 3 Grundlagen der Newton-Mechanik

3.1 Erstes Gesetz: Trägheitssatz

3.2 Zweites Gesetz: Grundgesetz der Mechanik

$\vec{F}$ ist die Kraft, die dem Körper der Masse m die Beschleunigung $\vec{a}$ erteilt.

$$\vec{F} = m\,\vec{a}$$

3.3 Drittes Gesetz: Wechselwirkungssatz

actio gegengleich reactio

3.4 Betrag F_g der Gewichtskraft und Masse m eines Körpers

g ist der Betrag der Fallbeschleunigung.

$$F_g = m\,g$$

3.5 Zentripetalkraft bei der Kreisbewegung mit konstanter Winkelgeschwindigkeit

$\vec{F}_r$ ist der Vektor der Zentripetalkraft,
m die Masse des rotierenden Körpers,
ω die Winkelgeschwindigkeit,
r der Kreisradius und
t die Zeit.

$$\vec{F}_r = -\,m\,\omega^2\,r \begin{pmatrix} \cos\omega t \\ \sin\omega t \end{pmatrix}$$

Der Betrag der Zentripetalkraft ist:

v ist der Betrag der Bahngeschwindigkeit.

$$F_r = m\,\omega^2\,r = m\,\frac{v^2}{r}$$

M 4 Kraftstoß und Impuls (Bewegungsgröße)

4.1 **Kraftstoß** (Definition)

$\vec{F}$ ist die konstante Kraft, die im Zeitintervall Δt auf einen Körper einwirkt.

$\vec{F}(t)$ ist die veränderliche Kraft, die im Zeitintervall $(t_2 - t_1)$ auf einen Körper wirkt.

$$\text{Kraftstoß} = \vec{F}\,\Delta t$$

$$\text{Kraftstoß} = \int_{t_1}^{t_2} \vec{F}(t)\,\mathrm{d}t$$

4.2 **Impuls $\vec{p}$** (Definition)

m ist die Masse eines Körpers,
$\vec{v}$ seine Geschwindigkeit.

$$\vec{p} = m\vec{v}$$

4.3 Zusammenhang zwischen Kraftstoß und Impuls

$$\vec{F}\,\Delta t = \Delta\vec{p} = \Delta(m\vec{v})$$

4.4 Verallgemeinerung des 2. Newton-Gesetzes

$$\vec{F} = \frac{\mathrm{d}(m\vec{v})}{\mathrm{d}t} = \frac{\mathrm{d}\vec{p}}{\mathrm{d}t}$$

4.5 Impulserhaltungssatz

In einem abgeschlossenen System gilt:

$\vec{p}_i$ ist der Impuls eines dem System angehörenden Massenpunktes. Die Konstante ist ein Vektor.

$$\sum_{i=1}^{n} \Delta\vec{p}_i = \vec{0}$$

$$\sum_{i=1}^{n} \vec{p}_i = \text{const}$$

M 5 Arbeit, Leistung und Energie

5.1 Arbeit *W* (Definition)

$\vec{F}$ ist die bewegende konstante Kraft,
$\vec{s}$ der Wegvektor der geradlinigen Bewegung,
α der Winkel zwischen Kraft- und Wegrichtung.

$$W = |\vec{F}| \cdot |\vec{s}| \cdot \cos\alpha$$

W ist das skalare Produkt von $\vec{F}$ und $\vec{s}$.

$$W = \vec{F} \circ \vec{s}$$

$\vec{F}(s)$ ist die längs des Weges veränderliche Kraft.

$$W = \int_{s_1}^{s_2} \vec{F}(s) \circ \mathrm{d}\vec{s}$$

5.2 Arten der Arbeit

5.2.1 Hubarbeit W_h

F_g ist der Betrag der Gewichtskraft des gehobenen Körpers,
h die Hubhöhe

$$W_h = F_g h$$

5.2.2 Beschleunigungsarbeit W_a

m ist die Masse des beschleunigten Körpers,
v_0 der Betrag der Geschwindigkeit vor,
v nach dem Beschleunigen.

$$W_a = \frac{m}{2}(v^2 - v_0^2)$$

5.2.3 Reibungsarbeit W_r

F_r ist der Betrag der Reibungskraft,
s der zurückgelegte Weg.

$$W_r = F_r s$$

5.2.4 Spannarbeit W_{Sp}

D ist die Federkonstante,
s die Federdehnung.

$$W_{Sp} = \frac{D}{2} s^2$$

5.3 Leistung *P*

5.3.1 Definition der Leistung

W ist die während der Zeit t verrichtete Arbeit.

$$P = \frac{W}{t}$$

5.3.2 Leistung bei der Bewegung eines punktförmigen Körpers

F ist die Kraftkomponente in der Bewegungsrichtung,
v der Betrag der Geschwindigkeit.

$$P = F v$$

5.3.3 Wirkungsgrad η einer Maschine

P_n ist die abgegebene Nutzleistung,
P_a die aufgewandte Leistung.

$$\eta = \frac{P_n}{P_a}$$

5.4 Mechanische Energie

Energie ist die Fähigkeit, Arbeit zu verrichten. Mechanische Energie tritt in zwei Formen auf, als potentielle Energie (Energie der Lage bzw. der Elastizität) E_p und als kinetische Energie (Bewegungsenergie) E_k.

5.4.1 Potentielle Energie der Erdanziehung

E_p ist die potentielle Energie der Erdanziehung,
m die Masse des Körpers,
h seine Höhe über einem frei gewählten Bezugsniveau,
g der Betrag der Fallbeschleunigung.

$$E_p = m g h$$

5.4.2 Potentielle Energie der Elastizität

E_p ist die potentielle Energie der Elastizität,
D die Federkonstante,
s die Federdehnung.

$$E_p = \frac{1}{2} D s^2$$

5.4.3 Kinetische Energie

E_k ist die kinetische Energie,
m die Masse des Körpers,
v der Betrag seiner Geschwindigkeit.

$$E_k = \frac{1}{2} m v^2$$

5.4.4 Arbeit-Energie-Prinzip

W_a ist die Beschleunigungsarbeit,
ΔE_k die Änderung der kinetischen Energie von E_{k1} in E_{k2}.

$$W_a = \Delta E_k = E_{k2} - E_{k1}$$

5.4.5 Erhaltungssatz der mechanischen Energie

In einem abgeschlossenen System, in dem nur konservative Kräfte (keine reibungsähnlichen Kräfte) wirken, ist die gesamte mechanische Energie konstant:

$$E_p + E_k = \text{const}$$

M 6 Gesetze des geraden, zentralen Stoßes

$\vec{v}$ ist die Geschwindigkeit vor dem Stoß,
$\vec{u}$ die Geschwindigkeit nach dem Stoß.

Positive Werte haben die Skalare (Koordinaten) v und u bei Bewegungen in der Koordinatenrichtung, negative Werte bei Bewegungen in der entgegengesetzten Richtung.

6.1 Vollkommen elastischer Stoß zweier Körper

m_1 ist die Masse des Körpers K_1,
v_1 seine (skalare) Geschwindigkeit vor dem Stoß,
u_1 seine (skalare) Geschwindigkeit nach dem Stoß;
m_2 ist die Masse des Körpers K_2,
v_2 seine (skalare) Geschwindigkeit vor dem Stoß,
u_2 seine (skalare) Geschwindigkeit nach dem Stoß.

$$u_1 = \frac{m_1 v_1 + m_2 (2 v_2 - v_1)}{m_1 + m_2}$$

$$u_2 = \frac{m_2 v_2 + m_1 (2 v_1 - v_2)}{m_1 + m_2}$$

6.2 Vollkommen unelastischer Stoß zweier Körper

$$u_1 = u_2 = \frac{m_1 v_1 + m_2 v_2}{m_1 + m_2}$$

M 7 Gravitation – Bewegungen von Himmelskörpern

7.1 Gravitationsgesetz von Newton

F ist der Betrag der Gravitationskraft,
m_1, m_2 sind die Massen von zwei kugelförmigen Körpern;
r ist die Entfernung ihrer Mittelpunkte,
G die Gravitationskonstante (►T3).

$$F = G \frac{m_1 m_2}{r^2}$$

$G = 6{,}673 \cdot 10^{-11}\ \mathrm{m^3\ kg^{-1}\ s^{-2}}$

7.2 Gravitationspotential V

M ist die Masse eines kugelförmigen Körpers, der das Gravitationsfeld erzeugt,
r der Abstand vom Mittelpunkt dieses Körpers.

$$V = -G\frac{M}{r}$$

7.3 KEPLER-Gesetze

Die Sonne wird als ruhendes Zentralgestirn angesehen.
Für die Bewegung der Planeten um die Sonne gilt:

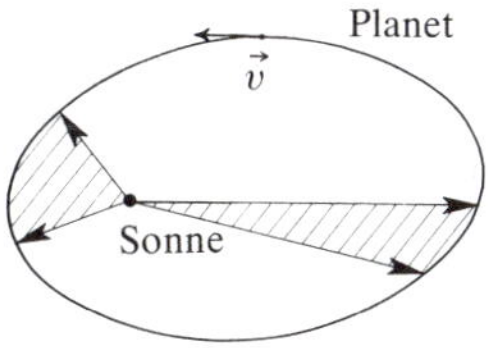

1. Die Planetenbahnen sind Ellipsen, in deren einem Brennpunkt die Sonne steht.

2. Der von der Sonne nach einem Planeten gezogene Ortsvektor überstreicht in gleichen Zeiten gleiche Flächen.

3. Die Quadrate der Umlaufszeiten (T_1, T_2) zweier Planeten verhalten sich wie die dritten Potenzen der großen Halbachsen (a_1, a_2) ihrer Bahnellipsen.

$$\frac{T_1^2}{T_2^2} = \frac{a_1^3}{a_2^3}$$

Aus dem 3. KEPLER-Gesetz folgt, dass $\frac{T^2}{a^3}$ konstant ist:

$$C = \frac{T^2}{a^3}$$

Für die Sonne als Zentralgestirn ist die Konstante:

$C_S = 2{,}97 \cdot 10^{-34}\ \mathrm{a}^2\ \mathrm{m}^{-3}$

Die Ellipsenbahnen der Planeten sind annähernd Kreise.

Für Kreisbahnen gilt:
r ist der Radius der Kreisbahn,
M die Sonnenmasse.

$$C = \frac{T^2}{r^3} = \frac{4\pi^2}{G M}$$

Die KEPLER-Gesetze gelten für jedes beliebige Zentralgestirn, dessen Masse viel größer ist als die Masse seiner Planeten.

7.4 Bahngeschwindigkeit eines Planeten

$$v = \sqrt{G\,M\left(\frac{2}{r} - \frac{1}{a}\right)}$$

v ist die momentane Bahngeschwindigkeit des Planeten,
r seine momentane Entfernung von der Sonne,
a die große Halbachse der Ellipsenbahn,
M die Sonnenmasse.

Die Gleichung gilt für jedes beliebige Zentralgestirn, dessen Masse viel größer ist als die Masse seiner Planeten.

7.5 Erweiterung des 3. Kepler-Gesetzes (Zweikörperproblem)

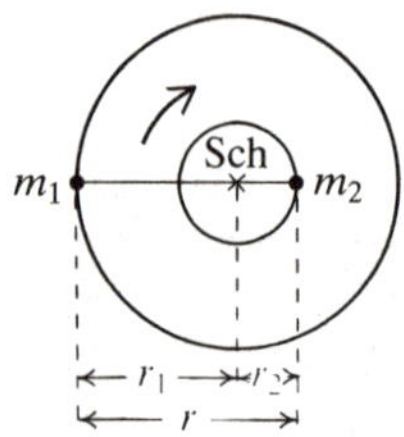

Zwei Himmelskörper bewegen sich auf Kreisbahnen um den gemeinsamen Schwerpunkt Sch (► Abb.).

Dabei gilt: $m_1 : m_2 = r_2 : r_1$

Für die Konstante des 3. Kepler-Gesetzes gilt:

$$C = \frac{T^2}{r^3} = \frac{4\,\pi^2}{G\,(m_1 + m_2)}$$

m_1 und m_2 sind die Massen zweier Himmelskörper,
r_1 und r_2 die Radien ihrer Kreisbahnen,
$r = r_1 + r_2$ die konstante Entfernung der beiden Körper.

7.6 Künstliche Himmelskörper (Satelliten)

Die Bahngeschwindigkeit auf einer Kreisbahn in Erdnähe ($r \approx r_E$) ist:

$$v = \sqrt{r\,g}$$

r ist der Radius der Satellitenbahn,
r_E der Erdradius und
g der Betrag der Fallbeschleunigung.

Die Bahngeschwindigkeit auf einer Bahn in Erdferne ist:

$$v = \sqrt{\frac{G\,m_E}{r}}$$

r ist der Radius der Satellitenbahn,
m_E die Erdmasse und
G die Gravitationskonstante (►T3).

M

M 8 Drehbewegung eines starren Körpers

8.1 Grundbegriffe

8.1.1 Frequenz, Umlaufdauer, Drehwinkel, Winkelgeschwindigkeit ► 2.5

8.1.2 Winkelbeschleunigung α

Bei Drehung mit konstanter Winkelbeschleunigung α ist:

$\omega = \omega(t)$; $\omega_0 = \omega(0)$

$$\alpha = \frac{\Delta\omega}{\Delta t} = \frac{\omega - \omega_0}{t} = \text{const}$$

Bei beliebiger Drehung ist:
mit $\omega(t) = \dot{\varphi}(t)$

$$\alpha = \frac{\mathrm{d}\omega}{\mathrm{d}t} = \dot{\omega} = \frac{\mathrm{d}^2\varphi}{\mathrm{d}t^2} = \ddot{\varphi}$$

8.1.3 Drehmoment $\vec{M}$ ► 1.5

8.2 Bewegungsgleichungen

8.2.1 Drehung mit konstanter Winkelgeschwindigkeit

$$\omega = \frac{\Delta\varphi}{\Delta t} = \frac{\varphi}{t}$$

8.2.2 Drehung mit konstanter Winkelbeschleunigung

$\omega = \omega(t)$; $\omega_0 = \omega(0)$

$$\alpha = \frac{\Delta\omega}{\Delta t} = \frac{\omega - \omega_0}{t} = \text{const.}$$

$$\omega = \omega_0 + \alpha t$$

$$\varphi = \omega_0 t + \frac{\alpha}{2} t^2$$

$$2\alpha\varphi = \omega^2 - \omega_0^2$$

8.2.3 Zusammenhang zwischen der Drehung eines starren Körpers und der Kreisbewegung

φ, ω, α sind Größen der Drehbewegung,
s, v, a sind Größen der Kreisbahn.

$$s = r\varphi;\ v = r\omega;\ a = r\alpha$$

8.3 Dynamische Grundgleichung der Drehbewegung

M ist der Betrag des Drehmoments,
α die Winkelbeschleunigung und
J das (Massen-) Trägheitsmoment.

$$M = J\alpha$$

8.4 Trägheitsmoment J

8.4.1 Trägheitsmoment eines punktförmigen Körpers

m ist die Masse des Körpers,
r sein Abstand von der Drehachse.

$$J = m r^2$$

8.4.2 Trägheitsmoment eines beliebigen Körpers

r ist der variable Abstand der Massenelemente $\mathrm{d}m$ von der Drehachse.

$$J = \int r^2 \, \mathrm{d}m$$

8.4.3 Sonderfälle ► T 7

8.5 Arbeit, Energie und Leistung bei der Drehbewegung

8.5.1 Arbeit W

Bei konstantem Drehmoment M ist die Arbeit:
φ ist der Drehwinkel.

$$W = M \varphi$$

8.5.2 Rotationsenergie E_{rot}

J ist das Trägheitsmoment und
ω die Winkelgeschwindigkeit.

$$E_{rot} = \frac{J}{2} \omega^2$$

8.5.3 Leistung P

Bei der Drehbewegung ist die Leistung:

$$P = M \omega$$

8.6 Drehimpuls und Drehmomentstoß eines um eine feste Achse rotierenden Körpers

8.6.1 Betrag des Drehimpulses L

Der Drehimpuls ist ein Vektor; sein Betrag ist:

$$L = J \omega$$

8.6.2 Betrag des Drehmomentstoßes

Bei konstantem Trägheitsmoment J ist der Betrag des Drehmomentstoßes:

$$M \Delta t = J (\omega - \omega_0) = \Delta L$$

8.6.3 Satz von der Erhaltung des Drehimpulses

In einem abgeschlossenen System ist der Gesamtdrehimpuls konstant.

M 9 Mechanische Schwingungen

9.1 Zusammenhang zwischen Kreisbewegung und harmonischer Schwingung

Größe	Bedeutung bei der	
	Kreisbewegung	harmonischen Schwingung
A	Kreisradius	Schwingungsweite oder Amplitude
φ	Drehwinkel	Schwingungsphase
ω	Winkelgeschwindigkeit	Kreisfrequenz
T	Umlaufsdauer	Periodendauer
f	Frequenz	Frequenz
s	y-Koordinate	Elongation (Auslenkung)

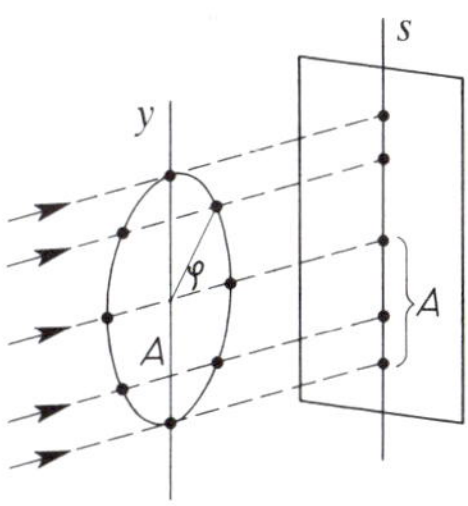

$$f = \frac{1}{T}$$

$$\omega = \frac{2\pi}{T} = 2\pi f$$

$$s = A \sin \omega t$$

9.2 Richtgröße D

Definition:

$$D = -\frac{F}{s}$$

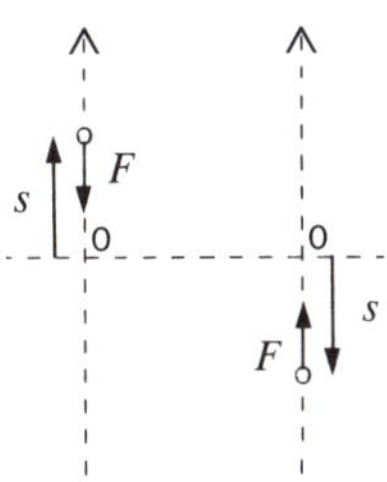

F ist die Koordinate der rücktreibenden Kraft,

s die Elongation (Auslenkung).

F und s haben stets entgegengesetzte Vorzeichen; daher ist stets $D > 0$.

Bei einer harmonischen Schwingung ist:

$$D = \text{const}$$

9.3 Mathematische Darstellung der harmonischen Schwingung

9.3.1 Differentialgleichung der harmonischen Schwingung

m ist die Masse, welche die Beschleunigung $\ddot{s}$ erfährt,
s die Elongation.

$$m\,\ddot{s} + D\,s = 0$$

9.3.2 Allgemeine Lösung der Differentialgleichung

A ist die Amplitude der Schwingung,
ω die Kreisfrequenz,
φ_0 die Schwingungsphase im Zeitpunkt $t_0 = 0$.

$$s(t) = A \sin(\omega t + \varphi_0)$$

9.3.3 Periodendauer T der harmonischen Schwingung

m ist die Masse des schwingenden Körpers,
D die Richtgröße.

$$T = 2\,\pi\,\sqrt{\frac{m}{D}}$$

9.3.4 Schwingungsenergie E_s (Definition)

E_p ist die potentielle Energie,
E_k die kinetische Energie des schwingenden Körpers.

$$E_s = E_p + E_k$$

9.4 Überlagerung harmonischer Schwingungen

9.4.1 Überlagerung von Schwingungen (Interferenz), deren Schwingungsvektoren kollinear sind (Zeigerdiagramm)

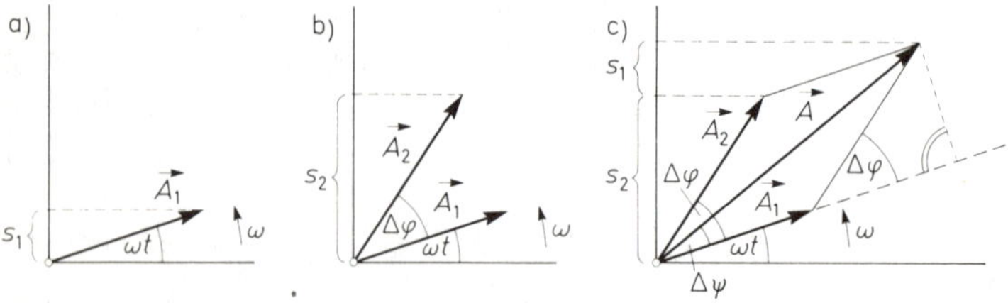

9.4.2 Überlagerung zweier Schwingungen gleicher Amplitude und wenig verschiedener Frequenz (Schwebungen)

Schwebungsperiode: $$T_s = \frac{T_1\,T_2}{T_1 - T_2}$$

Schwebungsfrequenz: $$f_s = f_2 - f_1$$

M 10 Mechanische Wellen – Akustik

10.1 Fortschreitende Längs- und Querwellen

10.1.1 Betrag der Ausbreitungsgeschwindigkeit c

$$c = \lambda f$$

λ ist die Wellenlänge,
f die Frequenz der Welle.

10.1.2 Wellengleichung fortschreitender harmonischer Wellen

In der positiven x-Richtung fortschreitende Welle:

$$s = A \sin \omega \left(t - \frac{x}{c}\right)$$

A ist die Amplitude,
ω die Kreisfrequenz,
s die Elongation, die zur Zeit t an der Stelle x erreicht wird.

10.1.3 Reflexion von Wellen

$$\varepsilon = \varepsilon_r$$

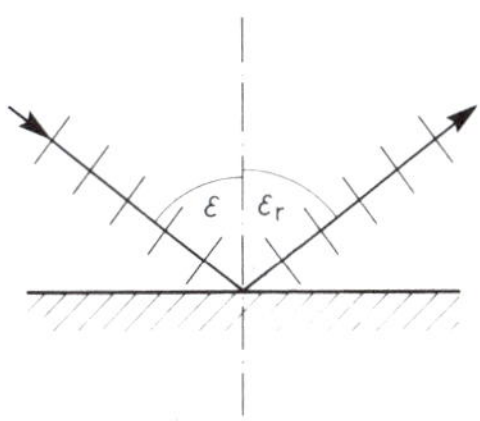

ε ist der Einfallswinkel,
ε_r der Reflexionswinkel.

10.1.4 Brechung von Wellen

$$\frac{\sin \varepsilon}{\sin \varepsilon'} = \frac{c}{c'} = n$$

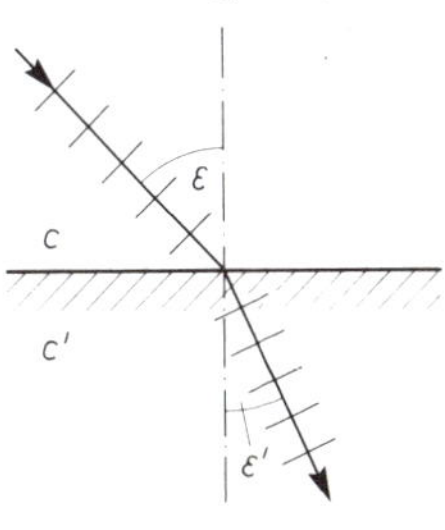

ε ist der Einfallswinkel,
ε' der Brechungswinkel,
n die Brechzahl;

c und c' sind die Beträge der Ausbreitungsgeschwindigkeiten in den beiden Medien.

10.1.5 Interferenz mechanischer Wellen

a) Zwei Zentren der gleichphasigen Erregung von Kreiswellen

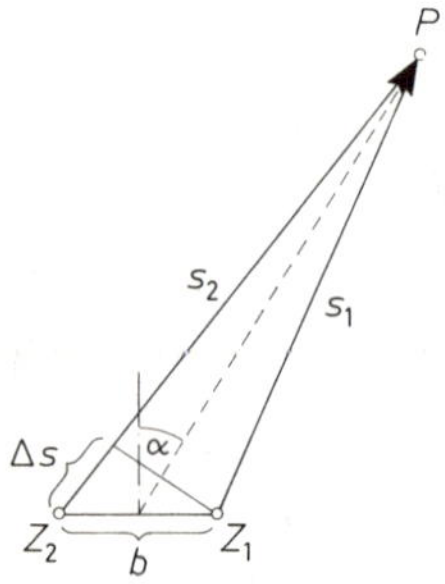

$\Delta s \approx b \sin \alpha$

In *P* hat der Betrag der Schwingungsamplitude

ein *Maximum*, wenn gilt:

$$|\Delta s| = 2k\frac{\lambda}{2}$$

mit $k = 0, 1, 2, \ldots$

ein *Minimum*, wenn gilt:

$$|\Delta s| = (2k - 1)\frac{\lambda}{2}$$

mit $k = 1, 2, 3, \ldots$

b) Einfachspalt

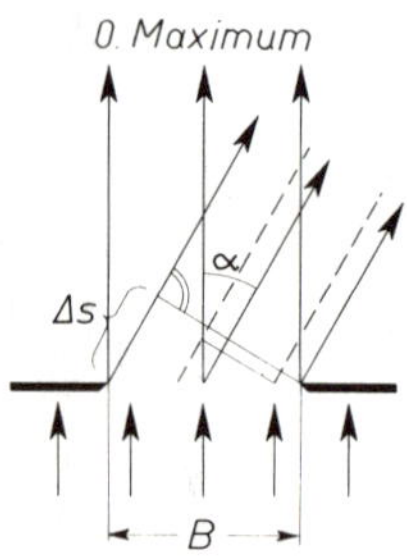

$\Delta s = B \sin \alpha$ ist der Gangunterschied der beiden Randstrahlen.

In der durch α festgelegten Richtung hat der Betrag der Schwingungsamplitude

ein *Maximum*, wenn gilt:

$$|\Delta s| = (2k + 1)\frac{\lambda}{2}$$

mit $k = 1, 2, 3, \ldots$

ein *Minimum*, wenn gilt:

$$|\Delta s| = 2k\frac{\lambda}{2}$$

mit $k = 1, 2, 3, \ldots$

c) Doppelspalt

Maxima und Minima des Betrags der Schwingungsamplitude wie bei 10.1.5 a).

10.1.6 Huygens-Prinzip

Jeder Punkt einer Wellenfront kann als Erregerzentrum einer Elementarwelle angesehen werden. Weitere Wellenfronten ergeben sich als Einhüllende der Gesamtheit dieser Elementarwellen (Grundlage zur Deutung der Beugung von Wellen).

10.2 Stehende Längs- und Querwellen

10.2.1 Wellengleichung einer stehenden linearen Welle

A ist die gleiche Amplitude zweier gleich frequenter, längs einer Geraden einander entgegenlaufender Wellen,
x die Ortskoordinate auf der gemeinsamen Geraden,
λ die Wellenlänge,
ω die Kreisfrequenz,
s die Elongation, die an der Stelle x zur Zeit t erreicht wird.

$$s = 2\,A \cos\left(\frac{2\,\pi\,x}{\lambda}\right) \sin \omega\, t$$

10.2.2 Entfernung von Knoten und Bäuchen der Bewegung bei stehenden Wellen

d ist der Abstand zwischen je zwei benachbarten Knoten oder zwischen je zwei benachbarten Bäuchen der Schwingungsbewegung.

$$d = \frac{\lambda}{2}$$

10.2.3 Stehende Wellen auf Saiten (beidseitig fest) und in Luftsäulen (beidseitig offen)

f_k ist die Frequenz der k-ten Oberschwingung
c der Betrag der Ausbreitungsgeschwindigkeit der zugehörigen fortschreitenden Welle,
l die Länge der Saite bzw. Luftsäule.

$$f_k = (k + 1)\,\frac{c}{2\,l}$$

mit $k = 0, 1, 2, \ldots$

10.2.4 Stehende Wellen in Luftsäulen (einseitig offen)

f_k ist die Frequenz der k-ten Oberschwingung.

$$f_k = (2\,k + 1)\,\frac{c}{4\,l}$$

mit $k = 0, 1, 2, \ldots$

10.3 Tonfrequenzen und Tonleitern

10.3.1 Einfache Tonintervalle (reine Stimmung)

Großer Ganzton	kleiner Ganzton	großer Halbton	kleiner Halbton
9 : 8	10 : 9	16 : 15	25 : 24

Oktave	Septime		Sexte		Quinte
	große	kleine	große	kleine	
2 : 1	15 : 8	9 : 5	5 : 3	8 : 5	3 : 2

Quarte	Terz		Sekunde	
	große	kleine	große	kleine
4 : 3	5 : 4	6 : 5	9 : 8	16 : 15

10.3.2 Frequenzverhältnisse der reinen (diatonischen) Dur-Tonleiter

c	d	e	f	g	a	h	c′
1	$\frac{9}{8}$	$\frac{5}{4}$	$\frac{4}{3}$	$\frac{3}{2}$	$\frac{5}{3}$	$\frac{15}{8}$	2

10.3.3 Frequenzverhältnisse der reinen (diatonischen) Moll-Tonleiter

c	d	es	f	g	as	h	c′
1	$\frac{9}{8}$	$\frac{6}{5}$	$\frac{4}{3}$	$\frac{3}{2}$	$\frac{8}{5}$	$\frac{9}{5}$	2

10.3.4 Temperierte Stimmung

Das Oktavenintervall wird in 12 gleiche Halbtonintervalle geteilt; ist x das Intervall für einen solchen Halbton, so ist $x^{12} = 2$. Daher ist die Frequenz jedes Halbtons das $\sqrt[12]{2}$fache (= 1,0595fache) der Frequenz des vorhergehenden Tones.

10.4 Akustischer Doppler-Effekt

Bewegt sich der Empfänger (Frequenz f') mit der Geschwindigkeit $\vec{v}$ auf den *ruhenden Sender* (Frequenz f) zu bzw. von ihm fort, so gilt:

$$f' = f\left(1 \pm \frac{v}{c}\right)$$

Bewegt sich der Sender (Frequenz f) mit der Geschwindigkeit $\vec{v}$ auf den *ruhenden Empfänger* (Frequenz f') zu bzw. von ihm fort, so gilt:

$$f' = f\,\frac{1}{1 \mp \frac{v}{c}}$$

Ist $\frac{v}{c} \ll 1$, so sind die beiden Ausdrücke für f' angenähert gleich.

Optischer Doppler-Effekt (longitudinal) ► O2.4

Relativistischer Doppler-Effekt (longitudinal) ► R1.1

10.5 Bewegung einer Schallquelle mit Überschallgeschwindigkeit

Die Kopfwelle bildet einen Mach-Kegel, für dessen halben Öffnungswinkel α gilt:

$$\sin\alpha = \frac{c}{v} = \frac{1}{M}$$

c ist der Betrag der Schallgeschwindigkeit,
v der Betrag der Überschallgeschwindigkeit,
M die Mach-Zahl.

10.6 Schallfeld

10.6.1 Schallintensität (Schall-Leistungsdichte) J

$$J = \frac{P}{A}$$

P ist die Schall-Leistung und
A die vom Schall senkrecht durchsetzte Fläche.

10.6.2 Lautstärkepegel L_N

Man vergleicht subjektiv die Stärke eines zu messenden Tons mit der Stärke eines Tons der Frequenz 1000 Hz (Normton) und bezeichnet als Lautstärkepegel:

$$L_N = 10 \lg \frac{J_x}{J_s} \text{ Phon}$$

J_x ist die Schallintensität des Normtons, wenn dieser ebenso laut eingestellt ist wie der zu messende Ton,
J_s $= 10^{-12}$ W m^{-2} ist der Schwellenwert des Normtons.

M 11 Strömungslehre

11.1 Kontinuitätsgleichung

Bei der stationären Strömung eines dichtebeständigen Fluids (Flüssigkeit oder Gas) gilt:

$$A_1 v_1 = A_2 v_2$$

A_1 ist der Querschnitt einer Stromröhre und
v_1 der Betrag der Strömungsgeschwindigkeit an der Stelle 1;
A_2 und v_2 sind die entsprechenden Größen an der Stelle 2.

11.2 Statischer Druck p_s

Definition des statischen Druckes p_s:

$$p_s = p_i - p_a$$

p_i ist der absolute Druck im Fluid,
p_a ein Bezugsdruck, z. B. der Außendruck.

Der statische Druck ist gleich der Druckenergiedichte:

$$p_s = \frac{E_p}{V}$$

E_p ist die Druckenergie des Fluids,
V sein Volumen.

11.3 Dynamischer Druck (Staudruck) p_d

Definition des dynamischen Druckes (Staudruckes) p_d:

$$p_d = \frac{E_k}{V}$$

E_k ist die kinetische Energie des Fluids,
V sein Volumen.

Der dynamische Druck (Staudruck) ist:

$$p_d = \frac{1}{2} \varrho v^2$$

ϱ ist die Dichte des Fluids,
v der Betrag seiner Strömungsgeschwindigkeit.

11.4 Gesamtdruck p_g

Definition des Gesamtdruckes p_g:

$$p_g = p_s + p_d$$

Der Gesamtdruck ist gleich der mechanischen Energiedichte des horizontal strömenden Fluids:

$$p_g = \frac{E}{V}$$

11.5 Gleichung von Bernoulli

Bei stationärer, horizontaler Strömung eines reibungsfreien Fluids gilt für jeden Querschnitt einer Stromröhre:

$$p_s + p_d = p_g = \text{const}$$

p_s ist der statische Druck,
p_d der dynamische Druck (Staudruck),
p_g der Gesamtdruck.

11.6 Gleichung von Stokes

Bei der langsamen Bewegung einer Kugel in einem Fluid ist der Betrag der inneren Reibungskraft F_{ri}:

$$F_{ri} = 6\,\pi\,\eta\,r\,v$$

η ist die Zähigkeit (Viskosität) des Fluids,
r der Kugelradius,
v der Betrag der konstanten Geschwindigkeit.

11.7 Luftwiderstand von Fahrzeugen

Die Luftwiderstandskraft $\vec{F}_w$ eines Fahrzeugs hat den Betrag:

$$F_w = c_w\,A\,\frac{\varrho\,v^2}{2}$$

c_w ist der Widerstandsbeiwert (► T5.4),
A die Stirnfläche des Fahrzeugs,
ϱ die Dichte der Luft,
v der Betrag der Geschwindigkeit.

11.8 Dynamischer Auftrieb und Luftwiderstand von Flugzeugen

Der Betrag der Auftriebskraft F_A ist:

$$F_A = c_A \, A \, \frac{\varrho \, v^2}{2}$$

Der Betrag der Widerstandskraft F_W ist:

$$F_w = c_w \, A \, \frac{\varrho \, v^2}{2}$$

$\vec{F}_A$ und $\vec{F}_w$ sind die Komponenten der Luftkraft $\vec{F}_L$.
Für den Betrag F_L gilt:

$$F_L = c_L \, A \, \frac{\varrho \, v^2}{2}$$

c_A ist der Auftriebsbeiwert,
c_w der Widerstandsbeiwert,
c_L der Luftkraftbeiwert,
A die Tragfläche (Produkt aus Tiefe und Breite des Tragflügels),
ϱ die Dichte der Luft in Flughöhe,
v der Betrag der Fluggeschwindigkeit.

W 1 Zusammenhang zwischen Temperaturangaben nach Celsius (ϑ) und der thermodynamischen Temperatur T

$\frac{\vartheta}{°C}$ und $\frac{T}{K}$ sind Zahlenwerte der zugehörigen Temperaturangaben.

$$\frac{\vartheta}{°C} = \frac{T}{K} - 273{,}15$$

Umgeformt:

$$\frac{T}{K} = 273{,}15 + \frac{\vartheta}{°C}$$

W 2 Ausdehnung der Körper bei Erwärmung

2.1 Längenausdehnung fester Körper

$\Delta l = l - l_0$

l ist die Länge bei der Temperatur ϑ,
l_0 die Länge bei der Temperatur 0 °C,
α der Längenausdehnungskoeffizient.

$$\Delta l = \alpha\, l_0\, \vartheta$$
$$l = l_0\,(1 + \alpha\, \vartheta)$$

2.2 Volumenausdehnung fester, flüssiger und gasförmiger Körper

$\Delta V = V - V_0$

V ist das Volumen bei der Temperatur ϑ,
V_0 das Volumen bei der Temperatur 0 °C,
γ der Volumenausdehnungskoeffizient.

$$\Delta V = \gamma\, V_0\, \vartheta$$
$$V = V_0\,(1 + \gamma\, \vartheta)$$

Zusammenhang zwischen γ und α bei festen Körpern: $\gamma = 3\,\alpha$.

Für alle idealen Gase ist $\gamma = \frac{1}{273}\,K^{-1}$.

2.3 Näherungsformeln für feste Körper

l_1 ist die Länge bei ϑ_1,
l_2 die Länge bei ϑ_2.
Entsprechendes gilt für V_1 und V_2.

$$l_2 \approx l_1\,(1 + \alpha\,\Delta\vartheta)$$
$$V_2 \approx V_1\,(1 + \gamma\,\Delta\vartheta)$$

$\Delta\vartheta = \vartheta_2 - \vartheta_1 = \Delta T$.

2.4 Änderung der Dichte ϱ mit der Temperatur

ϱ_0 ist die Dichte bei 0 °C,
ϱ ist die Dichte bei ϑ.

$$\varrho = \frac{\varrho_0}{1 + \gamma\,\vartheta}$$
$$\varrho \approx \varrho_0\,(1 - \gamma\,\vartheta)$$

W 3 Molekulare Größen

3.1 Avogadro-Konstante N_A und Stoffmenge n

N ist die Zahl der Teilchen eines Körpers der Stoffmenge n.
$N_A = 6{,}0221 \cdot 10^{26}$ kmol^{-1} ►T3

Die Einheit der Stoffmenge n ist 1 Mol. ►T2

$$N_A = \frac{N}{n}$$

3.2 Molare Masse M_m

m ist die Masse des Körpers,
n seine Stoffmenge,
M_r die relative Molekülmasse des Stoffes.

$$M_m = \frac{m}{n}$$

$$M_m = M_r \text{ kg kmol}^{-1}$$

3.3 Masse eines Teilchens m_i

$$m_i = \frac{M_m}{N_A}$$

W 4 Kinetische Gastheorie

4.1 Grundgleichung der kinetischen Gastheorie

p ist der Gasdruck,
ϱ die Dichte des Gases,
$\overline{v^2}$ das mittlere Geschwindigkeitsquadrat der Teilchen des Gases.

$$p = \frac{1}{3} \varrho \overline{v^2}$$

4.1.1 Mittlere kinetische Energie $\bar{E}_i$ eines Teilchens

k ist die Boltzmann-Konstante.
$k = 1{,}3807 \cdot 10^{-23}$ J K^{-1} ►T3
T ist die thermodynamische Temperatur.

$$\bar{E}_i = \frac{3}{2} k T$$

4.1.2 Mittleres Geschwindigkeitsquadrat $\overline{v^2}$ der Teilchen eines idealen Gases

R ist die allgemeine Gaskonstante,
T die thermodynamische Temperatur und
M_m die molare Masse des Gases.

$$\overline{v^2} = \frac{3 R T}{M_m}$$

4.1.3 Allgemeine Gaskonstante R und Boltzmann-Konstante k

N_A ist die Avogadro-Konstante ►T3.

$$R = N_A k$$

4.2 Mittlere freie Weglänge l

Die Moleküle werden als Kugeln mit dem Radius r vorausgesetzt.

V ist das Volumen und N die Zahl der Teilchen des Gases.

$$l = \frac{1}{4 \pi r^2 \sqrt{2}} \frac{V}{N}$$

4.3 Maxwell-Geschwindigkeitsverteilung

$\bar{v}$ ist die mittlere Geschwindigkeit,
$\overline{v^2}$ das mittlere Geschwindigkeitsquadrat der Teilchen.

$$\bar{v} = 0{,}92 \sqrt{\overline{v^2}}$$

W5 Zustandsgleichung des idealen Gases

5.1 Zustandsgleichung des idealen Gases (1. Form)

p ist der Druck eines eingeschlossenen Gases,
V ist sein Volumen,
T ist seine thermodynamische Temperatur.

$$\frac{p V}{T} = \text{const}$$

5.2 Spezialfälle

5.2.1 $T = \text{const}$ (Boyle-Mariotte)

$$p V = \text{const}$$

5.2.2 $p = \text{const}$ (Gay-Lussac)

$$\frac{V}{T} = \text{const}$$

5.2.3 $V = \text{const}$

$$\frac{p}{T} = \text{const}$$

5.3 Zustandsgleichung des idealen Gases unter Verwendung der allgemeinen Gaskonstante R (2. Form)

n ist die Stoffmenge.

$R = \frac{p_0 V_0}{T_0 n}$; mit $p_0 = 1013$ mbar (= 760 Torr) ►T3

$T_0 = 273$ K

$\frac{V_0}{n} = 22{,}4\ \text{m}^3\ \text{kmol}^{-1}$

ist: $R = 8{,}3145 \cdot 10^3\ \text{J K}^{-1}\ \text{kmol}^{-1}$ ►T3

$$p V = n R T$$

5.4 Zustandsgleichung des idealen Gases unter Verwendung der Boltzmann-Konstante k (3. Form)

N ist die Teilchenzahl.
k ist die Boltzmann-Konstante ►T3.

$$p V = N k T$$

W 6 Wärme und Wärmekapazität

6.1 Wärme Q (Definition)

Die Wärme (Wärmearbeit) Q ist die Energieänderung eines Körpers (Systems), die auf Grund eines Temperaturgefälles eintritt.

6.2 Wärmekapazität C eines Körpers (Definition)

$$C = \frac{Q}{\Delta T}$$

Q ist die durch Wärme zugeführte (abgeführte) Energie,
ΔT ist die Temperaturerhöhung (Temperaturerniedrigung).

6.3 Spezifische Wärmekapazität c (Definition)

$$c = \frac{Q}{m\,\Delta T} = \frac{C}{m}$$

m ist die Masse des untersuchten Körpers.

6.4 Molare Wärmekapazität C_m (Definition)

$$C_m = \frac{Q}{n\,\Delta T} = \frac{C}{n}$$

n ist die Stoffmenge des untersuchten Körpers.

6.5 Zusammenhang zwischen spezifischer und molarer Wärmekapazität

$$C_m = c\,\frac{m}{n} = c\,M_m$$

M_m ist die molare Masse.

6.6 Spezifische und molare Wärmekapazitäten von Gasen

Bei Gasen unterscheidet man die spezifische Wärmekapazität bei konstantem Druck c_p von der spezifischen Wärmekapazität bei konstantem Volumen c_v; das Entsprechende gilt auch für die molaren Wärmekapazitäten C_{mp} und C_{mv}.

$$C_{mp} - C_{mv} = R$$

$$\varkappa = \frac{C_{mp}}{C_{mv}} = \frac{c_p}{c_v}$$

R ist die allgemeine Gaskonstante.

6.7 Erwärmung (Abkühlung) eines Körpers

Wird ein Körper um ΔT erwärmt (abgekühlt), so ist die durch die Wärme Q aufgenommene (abgegebene) Energie:

$$Q = c\,m\,\Delta T$$

m ist die Masse des Körpers,
c seine spezifische Wärmekapazität.

6.8 Temperaturausgleich zweier Körper

Findet der Energieaustausch zwischen zwei Körpern nur auf Grund ihres Temperaturunterschiedes statt, so gilt:

Energie*verlust* des einen Körpers	=	Energie*gewinn* des anderen Körpers

W 7 Hauptsätze der Wärmelehre

7.1 Erster Hauptsatz der Wärmelehre

Wird einem System Wärme Q und mechanische Arbeit W zugeführt ($Q > 0$, $W > 0$) oder entnommen ($Q < 0$, $W < 0$), so ändert sich seine innere Energie U um ΔU.

$$\Delta U = Q + W$$

7.2 Zweiter Hauptsatz der Wärmelehre

Es ist nicht möglich, eine periodisch arbeitende Maschine zu bauen, die nichts anderes bewirkt, als die Verrichtung mechanischer Arbeit und Abkühlung eines Körpers.
Daraus folgt für den thermischen Wirkungsgrad η

$$= \left| \frac{\text{abgegebene mechanische Arbeit}}{\text{durch Wärme zugeführte Energie}} \right|$$ der idealen Wärmekraftmaschine:

T_1 ist die Anfangstemperatur des Arbeitsstoffes und
T_2 die Temperatur, auf die dieser abgekühlt wird.

$$\eta = \frac{T_1 - T_2}{T_1}$$

W 8 Änderung des Luftdrucks mit der Höhe

Δp ist die Änderung des Luftdrucks p,
Δh die Höhenänderung,
g der Betrag der Fallbeschleunigung,
R die allgemeine Gaskonstante,
T die thermodynamische Temperatur und
M_m die molare Masse der Luft.

$$-\frac{\Delta p}{\Delta h} = \frac{g\,p}{R\,T} M_m$$

E 1 Einige wichtige Gleichungen der elementaren Elektrizitätslehre

1.1 Stromstärke I

ΔQ ist die während der Zeitspanne Δt durch den Querschnitt eines Leiters fließende Ladung.

$$I = \lim_{\Delta t \to 0} \frac{\Delta Q}{\Delta t} = \frac{\mathrm{d}Q}{\mathrm{d}t} = \dot{Q}$$

1.2 Leitungswiderstand R (Definition)

U ist die Spannung am Leiter,
I die Stromstärke durch den Leiter.

$$R = \frac{U}{I}$$

1.2.1 OHM-Gesetz

$$R = \text{const}$$

1.2.2 Für R gilt:

ϱ ist der spezifische Widerstand,
l die Länge, A der Querschnitt des Leiters.

$$R = \varrho \frac{l}{A}$$

1.3 Schaltung von Widerständen

1.3.1 Reihenschaltung von n Widerständen

R ist der Gesamtwiderstand.

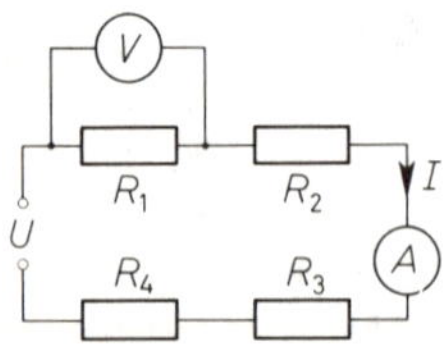

$$U = U_1 + U_2 + \ldots + U_n$$

$$U_1 : U_2 : \ldots : U_n = R_1 : R_2 : \ldots : R_n$$

$$R = R_1 + R_2 + \ldots + R_n$$

U_1 ist die Spannung an R_1,
U_2 die Spannung an R_2 usw.

1.3.2 Parallelschaltung von *n* Widerständen

R ist der Gesamtwiderstand. (Ersatzwiderstand)

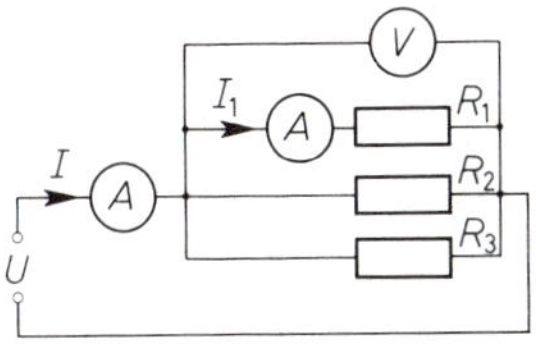

$$I = I_1 + I_2 + \dots + I_n$$

$$I_1 : I_2 : \dots : I_n = \frac{1}{R_1} : \frac{1}{R_2} : \dots : \frac{1}{R_n}$$

$$\frac{1}{R} = \frac{1}{R_1} + \frac{1}{R_2} + \dots + \frac{1}{R_n}$$

I_1 ist die Stromstärke durch R_1,
I_2 die Stromstärke durch R_2 usw.

1.3.3 Spannungsteiler- (Potentiometer-) Schaltung

Für $R_a \gg R_1$ gilt die Gleichung:

$$U_1 = U \frac{R_1}{R_1 + R_2}$$

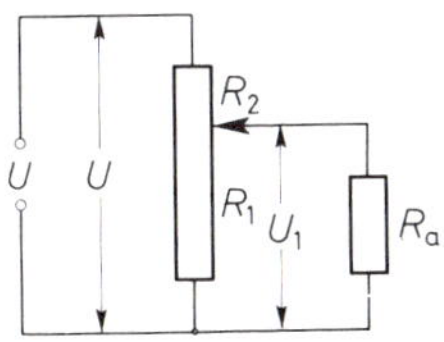

1.4 Elektrische Arbeit und Leistung des Gleichstroms

1.4.1 Elektrische Arbeit *W*

$$W = U\,I\,t$$

U ist die Spannung am Leiter,
I die Stromstärke durch den Leiter;
t ist die Zeit, in welcher der Strom fließt.

1.4.2 Elektrische Leistung *P*

$$P = U\,I$$

E 2 Elektrisches Feld

2.1 Elektrische Feldstärke, Spannung und Potential

2.1.1 Elektrische Feldstärke $\vec{E}$ (Definition)

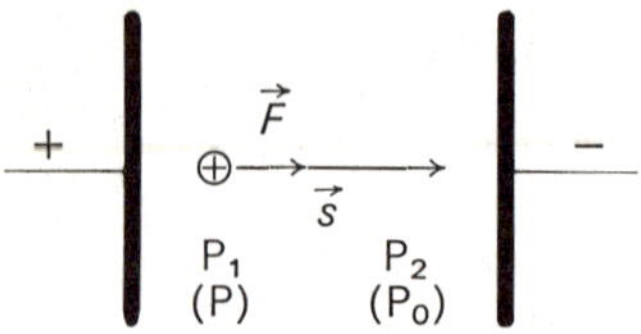

$\vec{F}$ ist die Feldkraft auf die punktförmige Ladung Q.

$\vec{E}$ ist die elektrische Feldstärke; wenn $Q > 0$, hat $\vec{E}$ die Richtung von $\vec{F}$.

$$\vec{E} = \frac{\vec{F}}{Q}$$

2.1.2 Arbeit im elektrischen Feld

W_{12} ist die Arbeit, die von der Feldkraft $\vec{F} = Q \cdot \vec{E}$ an einer punktförmigen Ladung bei ihrer Bewegung von P_1 nach P_2 verrichtet wird (► Abb.).

$W_{12} > 0$, wenn $Q > 0$ ist, und die Verschiebung in der Feldrichtung erfolgt.

$\vec{s}$ ist der Vektor des geraden Weges von P_1 nach P_2.

$$W_{12} = Q\,\vec{E} \circ \vec{s}$$

2.1.3 Elektrische Spannung U (Definition)

a) Homogenes elektrisches Feld; gerader Weg:
$U_{12} = W_{12}/Q$ ist die elektrische Spannung von P_1 nach P_2.

$$U_{12} = \vec{E} \circ \vec{s}$$

b) Allgemeiner Fall:
$\mathrm{d}\vec{s}$ ist das Linienelement der Wegkurve von P_1 nach P_2.

$$U_{12} = \int_1^2 \vec{E} \circ \mathrm{d}\vec{s}$$

U_{21} ist die elektrische Spannung von P_2 nach P_1.

$$U_{21} = -\,U_{12}$$

2.1.4 Elektrisches Potential φ im Punkt P eines elektrischen Feldes (Definition)

W ist die Arbeit, die von der Feldkraft $\vec{F}$ an einer positiven Punktladung Q bei ihrer Verschiebung von P nach P_0 verrichtet wird.

φ ist das elektrische Potential des Punktes P in Bezug auf den beliebig gewählten Bezugspunkt P_0 mit dem Potential $\varphi_0 = 0$.

$$\varphi = \frac{W}{Q}$$

2.1.5 Elektrische Spannung U und Potential φ

φ_1 ist das elektrische Potential im Punkt P_1,
φ_2 im Punkt P_2.
U_{12} ist die elektrische Spannung von P_1 nach P_2;
$U_{12} > 0$, wenn $\varphi_1 > \varphi_2$.

$$U_{12} = \varphi_1 - \varphi_2$$

2.2 Elektrische Flussdichte des homogenen Feldes

2.2.1 Elektrische Flussdichte $\vec{D}$ (Definition)

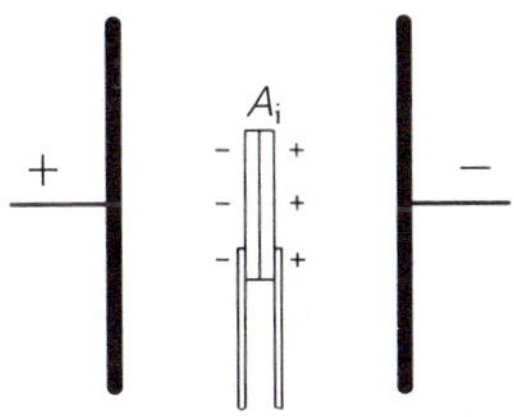

Q_i ist die Influenzladung einer Plattenfläche A_i, wenn die Platte parallel zu den Kondensatorplatten steht.
$\vec{D}$ hat die Richtung von $\vec{E}$ ►E 2.1.

$$D = \frac{Q_i}{A_i}$$

2.2.2 Zusammenhang mit der Ladungsdichte des Kondensators

Q ist die Ladung des Kondensators,
A seine Plattenfläche.

$$D = \frac{Q}{A}$$

2.3 Zusammenhang zwischen elektr. Feldstärke und elektr. Flussdichte; Grundgleichung des elektrischen Feldes

$\vec{E}$ ist die elektrische Feldstärke,
$\vec{D}$ die elektrische Flussdichte,
ε die Dielektrizitätskonstante (Permittivität).

$$\vec{D} = \varepsilon \vec{E}$$

Im Vakuum ist $\varepsilon = \varepsilon_0$ (elektrische Feldkonstante ►T3);
in Materie ist $\varepsilon = \varepsilon_r \varepsilon_0$;
ε_r ist die Dielektrizitätszahl (Permittivitätszahl).

2.4 Energiedichte des elektrischen Feldes

$w_e = \frac{W_e}{V}$ ist die Dichte der Feldenergie W_e,
V das Volumen;
E ist der Betrag der elektrischen Feldstärke,
D der Betrag der elektrischen Flussdichte.

$$w_e = \frac{1}{2} E D$$

2.5 Coulomb-Gesetz

2.5.1 Kraftgesetz

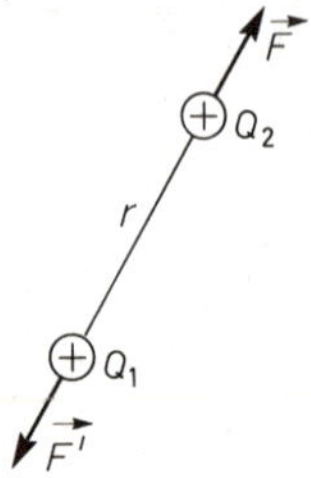

Die punktförmige Ladung Q_1 übt im Vakuum auf die punktförmige Ladung Q_2 die Kraft $\vec{F}$ aus.

r ist die Entfernung der punktförmigen Ladungen;
ε_0 ist die elektrische Feldkonstante ►T3.

$$\vec{F}' = -\vec{F}$$

$$F = \frac{1}{4\pi\varepsilon_0}\frac{|Q_1 Q_2|}{r^2}$$

Abstoßung bei gleichen Vorzeichen der Ladungen,
Anziehung bei verschiedenen Vorzeichen der Ladungen.

2.5.2 Coulomb-Potential

Q ist die punktförmige positive Ladung, die das radialsymmetrische Feld erzeugt; das Potential φ hat der Punkt P im Abstand r von Q; $\varphi_0 = 0$ im Unendlichen.

$$\varphi = \frac{1}{4\pi\varepsilon_0}\frac{Q}{r}$$

2.6 Kondensator

2.6.1 Kapazität C eines Kondensators (Definition)

Q ist die Ladung des Kondensators
U die Spannung zwischen seinen Platten.

$$C = \frac{Q}{U}$$

2.6.2 Kapazität des Plattenkondensators

A ist die Fläche einer Platte,
d der Plattenabstand,
ε die Dielektrizitätskonstante.

$$C = \varepsilon\frac{A}{d}$$

2.6.3 Energieinhalt W_e eines geladenen Plattenkondensators

$$W_e = \frac{1}{2}C\,U^2$$

2.6.4 Kraft zwischen den Platten eines geladenen Kondensators

$\vec{F}$ ist die auf die positiv geladene Platte wirkende Kraft; ihr Betrag ist:

E ist der Betrag der elektrischen Feldstärke,
D der Betrag der elektrischen Flussdichte,
A die Fläche einer Platte.

$$F = \frac{1}{2}E\,D\,A$$

2.6.5 Aufladung eines Kondensators

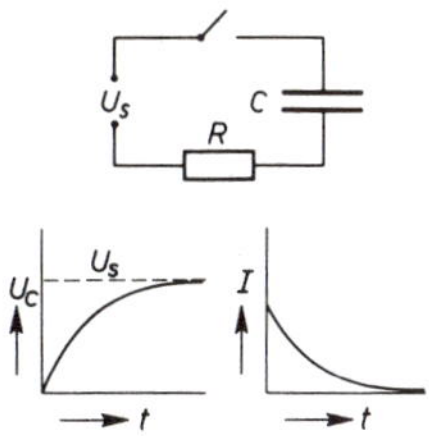

U_s ist die Spannung der Stromquelle,
U_C die Spannung am Kondensator der Kapazität C,
U_R die Spannung am Widerstand R,
t die Zeit und
I die Stromstärke.

$$U_s = U_C + U_R$$

$$I = \frac{U_s}{R}\, e^{-\frac{t}{RC}}$$

$$U_C = U_s \left(1 - e^{-\frac{t}{RC}}\right)$$

2.6.6 Entladung eines Kondensators

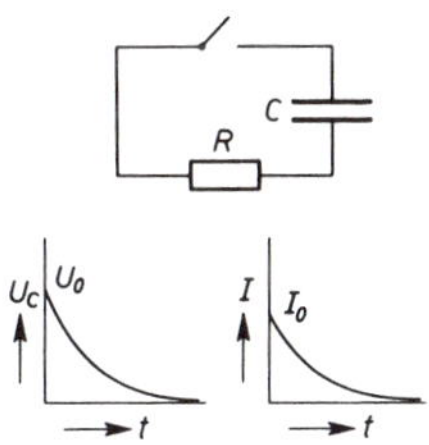

R ist der Widerstand,
C die Kapazität des Kondensators,
U_C die Spannung am Kondensator zur Zeit t.

$$I = I_0\, e^{-\frac{t}{RC}}$$

$$U_C = U_0\, e^{-\frac{t}{RC}}$$

$$I_0 = \frac{U_0}{R}$$

Das Produkt $RC = \tau$ bezeichnet man als *Zeitkonstante* des Entladungskreises. τ bestimmt die Zeit, während der die Ladung und die Spannung des Kondensators auf den e-ten Teil absinken.

2.6.7 Reihenschaltung von *n* Kondensatoren

C ist die Gesamtkapazität.

$$\frac{1}{C} = \frac{1}{C_1} + \frac{1}{C_2} + \ldots \frac{1}{C_n}$$

2.6.8 Parallelschaltung von *n* Kondensatoren

C ist die Gesamtkapazität.

$$C = C_1 + C_2 + \ldots C_n$$

E 3 Magnetisches Feld

3.1 Magnetische Flussdichte (Induktion) $\vec{B}$

3.1.1 Magnetische Flussdichte $\vec{B}$ des homogenen Feldes (Definition)

Ein gerader Leiter der Länge l befindet sich in einem homogenen Magnetfeld senkrecht zu den Feldlinien. Fließt ein elektrischer Strom I durch den Leiter, so wirkt auf ihn eine Kraft $\vec{F}$ (LORENTZ-Kraft; siehe auch ► A1.4).

Bei einem konstanten Magnetfeld ist:

$$\frac{F}{I\,l} = \text{const.}$$

Verstärkt man das Magnetfeld, so wächst die Konstante ebenfalls. Entsprechend definiert man als Feldgröße die magnetische Flussdichte $\vec{B}$.

Der Betrag von $\vec{B}$ ist:

$$B = \frac{F}{I\,l}$$

Die Richtung von $\vec{B}$ stimmt mit der Feldlinienrichtung überein.

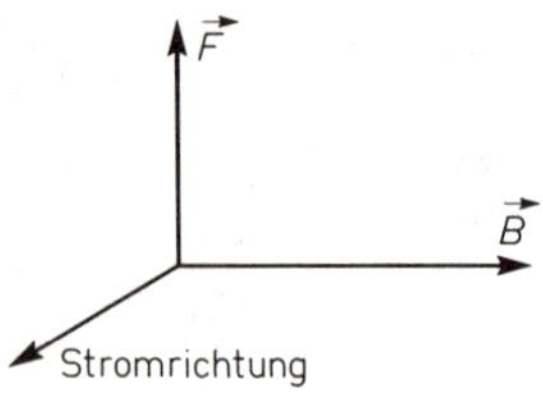

Die technische Stromrichtung, $\vec{B}$ und $\vec{F}$ bilden ein Rechtssystem.

3.1.2 Magnetische Flussdichte B in einer lang gestreckten, Strom durchflossenen Zylinderspule

μ_0 ist die magnetische Feldkonstante (► T3),
I die Stromstärke in der Spule,
N ihre Windungszahl und
l ihre Länge.

$$B = \mu_0 \frac{I\,N}{l}$$

3.2 Magnetischer Fluss Φ (Definition)

B ist der Betrag der magnetischen Flussdichte.
A ist die Fläche einer Leiterschleife, die vom Magnetfeld senkrecht durchsetzt wird.

$$\Phi = B\,A$$

3.3 Induktionsgesetz

3.3.1 Induktionsgesetz (integrale Form)

Der induzierte Spannungsstoß ist $\int_{t_1}^{t_2} U\,\mathrm{d}t$.

N_i ist die Windungszahl der Induktionsspule,
Φ der magnetische Fluss durch die Spule.

$$\int_{t_1}^{t_2} U\,\mathrm{d}t = -N_i\,\Delta\Phi$$

3.3.2 Induktionsgesetz (differentielle Form)

Die induzierte Spannung ist U_{ind}.

N_i ist die Windungszahl der Induktionsspule,
Φ der magn. Fluss durch die Spule, $\dot{\Phi} = \frac{\mathrm{d}\Phi}{\mathrm{d}t}$.

$$U_{ind} = -N_i\,\dot{\Phi}$$

3.4 Spule im Stromkreis

3.4.1 Induktivität L (Definition)

U_{ind} ist die Selbstinduktionsspannung, $\dot{I} = \frac{\mathrm{d}I}{\mathrm{d}t}$.

$$L = -\frac{U_{ind}}{\dot{I}}$$

3.4.2 Induktivität einer lang gestreckten Spule

A ist der Spulenquerschnitt,
N die Windungszahl,
l die Länge der Spule und
μ die Permeabilität.
Im Vakuum ist $\mu = \mu_0$ (magnetische Feldkonstante ►T3);
in Materie ist $\mu = \mu_r \mu_0$;

μ_r ist die Permeabilitätszahl.

$$L = \mu\,A\,\frac{N^2}{l}$$

3.4.3 Energiegehalt W_m einer Strom durchflossenen Spule

$$W_m = \frac{1}{2}\,L\,I^2$$

3.4.4 Reihenschaltung von n Spulen

L ist die Gesamtinduktivität.

$$L = L_1 + L_2 + \ldots + L_n$$

3.4.5 Parallelschaltung von *n* Spulen

$$\frac{1}{L} = \frac{1}{L_1} + \frac{1}{L_2} + \ldots + \frac{1}{L_n}$$

L ist die Gesamtinduktivität.

3.5 Energiedichte des homogenen magnetischen Feldes

$\frac{W_m}{V} = w_m$ ist die Energiedichte;

$$w_m = \frac{1}{2}\,\frac{B^2}{\mu_0}$$

B ist der Betrag der magnetischen Flussdichte,
μ_0 die magnetische Feldkonstante ► T3.

3.6 Magnetische Flussdichte im Inneren eines HELMHOLTZ-Spulenpaares

$$B = \frac{4}{5}\sqrt{\frac{4}{5}}\,\frac{\mu_0 N I}{r}$$

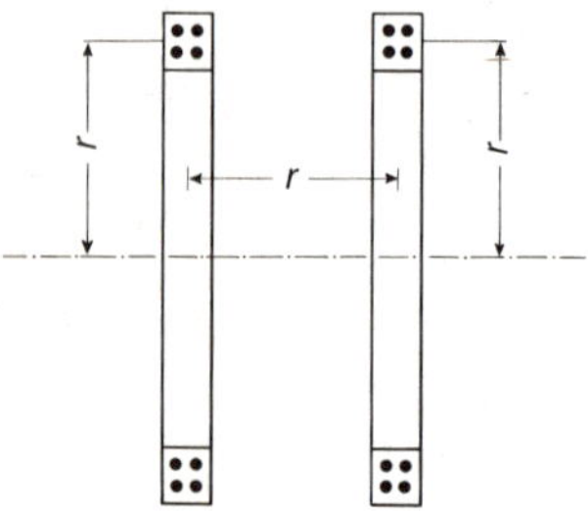

μ_0 ist die magnetische Feldkonstante ► T3,
N die Windungszahl auf jeder der beiden Spulen,
I die Stromstärke in den Spulen und
r der mittlere Radius der Windungen, der gleich dem mittleren Abstand der Spulen ist.

3.7 HALL-Spannung U_H zwischen den Flanken eines Strom durchflossenen Streifens

$$U_H = \frac{1}{ne}\,\frac{I B}{d}$$

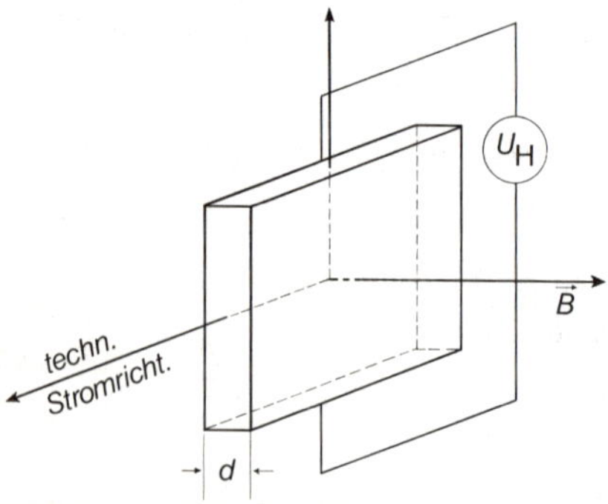

I ist die Stromstärke durch den Streifen,
d die Dicke des Streifens,
n $= \frac{N}{V}$ Quotient aus der Anzahl N der Leitungselektronen (oder auch Löcher bei Halbleitern) und dem Volumen V,
e die Elementarladung.

Das Vorzeichen der HALL-Spannung richtet sich nach der Art der im Strom fließenden Ladungsträger.

E4 Wechselstromkreis

4.1 Erzeugung sinusförmiger Wechselspannung

4.1.1 Magnetischer Fluss durch eine rotierende Schleife

Dreht sich die Schleife (Fläche A_0) mit der Winkelgeschwindigkeit ω, so ist der magn. Fluss durch die Schleife $\Phi\,(t)$.

$$\Phi\,(t) = \Phi_m \cos \omega t$$

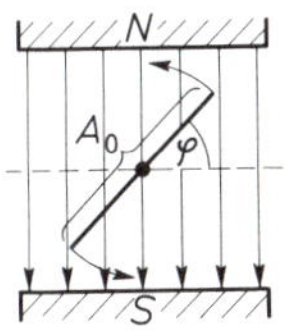

$\Phi_m = B\,A_0$ ist der maximale magn. Fluss durch die Schleife,
$\omega = 2\,\pi\,f$ die Winkelgeschwindigkeit der Drehung.

4.1.2 Spannung an den Enden einer rotierenden Schleife

U_m ist die Scheitelspannung,
Φ_m der maximale magn. Fluss,
$\omega = 2\,\pi\,f$ die Kreisfrequenz.

$$U\,(t) = U_m \sin \omega t$$

mit $U_m = \omega\,\Phi_m$

4.2 Leitungswiderstand R im Wechselstromkreis

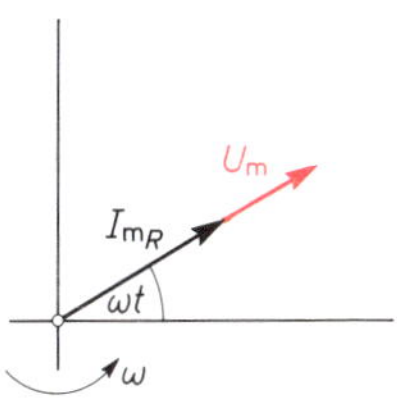

Zeigerdiagramm

U_m ist die Scheitelspannung an R,
I_{mR} die Scheitelstromstärke durch R,
ω die Kreisfrequenz.

$$R = \frac{U_m}{I_{mR}}$$

Bei der Wechselspannung
$U\,(t) = U_m \sin \omega t$
ist die Stromstärke $I\,(t)$.

$$I\,(t) = I_{mR} \sin \omega t$$

4.3 Effektivwerte

4.3.1 Effektivstromstärke I_{eff}

Die Wechselstromstärke $I = I_m \sin \omega t$ erzeugt in einem Leiter die gleiche Wärmeleistung wie die Gleichstromstärke I_{eff}.

I_m ist die Scheitelstromstärke.

$$I_{eff} = \frac{I_m}{\sqrt{2}}$$

4.3.2 Effektivspannung U_{eff}

U_{m} ist die Scheitelspannung.

$$U_{\text{eff}} = \frac{U_{\text{m}}}{\sqrt{2}}$$

4.3.3 Wirkleistung P eines Wechselstromes

φ ist die Phasenverschiebung zwischen Spannung und Stromstärke.

$$P = U_{\text{eff}}\, I_{\text{eff}} \cos \varphi$$

4.4 Kondensator der Kapazität C im Wechselstromkreis

Der kapazitive Widerstand ist X_C.

$$X_C = \frac{U_{\text{m}}}{I_{\text{m}C}} = \frac{1}{\omega\, C}$$

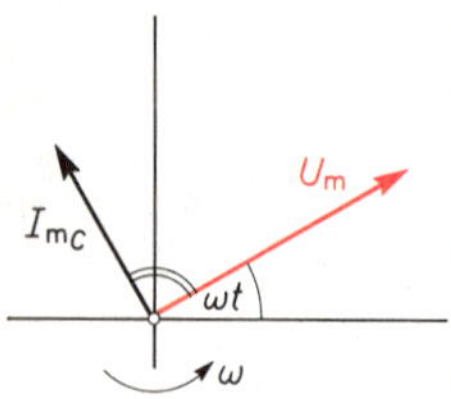

Zeigerdiagramm

U_{m} ist die Scheitelspannung am Kondensator,
$I_{\text{m}C}$ die Scheitelstromstärke durch C,
ω die Kreisfrequenz.

Bei der Wechselspannung $U(t) = U_{\text{m}} \sin \omega\, t$ ist die Stromstärke $I(t)$.

$$I(t) = I_{\text{m}C} \sin\left(\omega\, t + \frac{\pi}{2}\right)$$

4.5 Spule der Induktivität L im Wechselstromkreis

Der induktive Widerstand ist X_L.

$$X_L = \frac{U_{\text{m}}}{I_{\text{m}L}} = \omega\, L$$

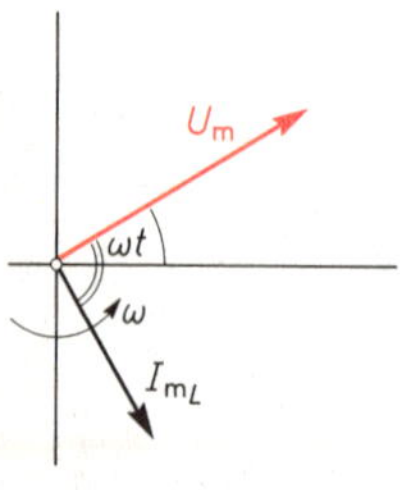

Zeigerdiagramm

U_{m} ist die Scheitelspannung an der Spule,
$I_{\text{m}L}$ die Scheitelstromstärke durch die Spule,
ω die Kreisfrequenz.

Bei der Wechselspannung $U(t) = U_{\text{m}} \sin \omega\, t$ ist die Stromstärke $I(t)$.

$$I(t) = I_{\text{m}L} \sin\left(\omega\, t - \frac{\pi}{2}\right)$$

4.6 Parallelresonanz (Sperrkreisfrequenz)

Für einen Strom der Kreisfrequenz ω_0 (Frequenz f_0) ist der Kreis aus Spule und parallelgeschaltetem Kondensator ein Sperrkreis.

$$\omega_0 = \frac{1}{\sqrt{L\,C}}$$

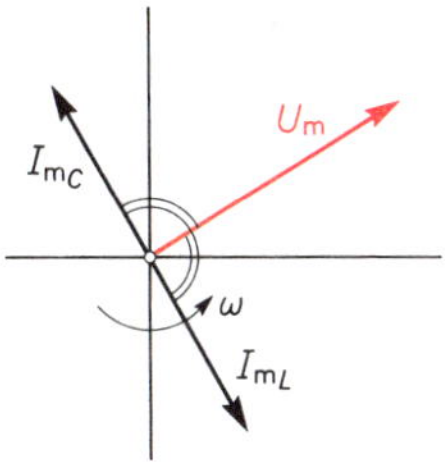

Zeigerdiagramm

L ist die Induktivität der Spule,
C die Kapazität des Kondensators.

E5 Elektromagnetischer Schwingkreis

5.1 Mathematische Darstellung der elektromagnetischen Schwingung

5.1.1 Differentialgleichung der ungedämpften Schwingung

$Q(t)$ ist die Ladung des Kondensators,
$\ddot{Q}(t)$ ihre zweite Ableitung nach der Zeit,
L die Induktivität der Spule,
C die Kapazität des Kondensators.

$$L\,\ddot{Q}(t) + \frac{1}{C}\,Q(t) = 0$$

5.1.2 Allgemeine Lösung der Schwingungs-Differentialgleichung

Q_m ist die maximale Ladung des Kondensators,
φ_0 die Schwingungsphase im Zeitpunkt $t_0 = 0$.

$$Q(t) = Q_m \sin(\omega t + \varphi_0)$$

5.1.3 Thomson-Gleichung

f_0 ist die Eigenfrequenz eines elektromagnetischen Schwingkreises,
T_0 die zugehörige Periodendauer.

$$T_0 = \frac{1}{f_0} = 2\,\pi\sqrt{L\,C}$$

5.1.4 Differentialgleichung der gedämpften Schwingung

Ursache der Dämpfung ist der OHM-Widerstand R. Die Teilspannung an R ist: $U_R = RI = R\dot{Q}$

Differentialgleichung der gedämpften Schwingung: $$L\ddot{Q} + R\dot{Q} + \frac{1}{C}Q = 0$$

Die Ladung des Kondensators lässt sich darstellen: $$Q = Q_m\, e^{-\delta t} \cos \omega t$$

Q_m ist die Ladung zur Zeit $t = 0$ und $\delta = \frac{R}{2L}$.

Die Kreisfrequenz ω der gedämpften Schwingung ist $\omega = \sqrt{\omega_0^2 - \delta^2}$,

das Verhältnis $k = \frac{Q_n}{Q_{n+1}} = \frac{Q(t)}{Q(t+T)} = e^{\delta T}$

und das logarithmische Dekrement $\Lambda = \delta T$.

Für schwache Dämpfung ist $\omega \approx \omega_0$; daher $T \approx T_0$ und $\Lambda = R\pi\sqrt{\frac{C}{L}}$.

ω_0 und T_0 sind die ω und T entsprechenden Größen der zugehörigen ungedämpften Schwingung.

E 6 Elektromagnetische Wellen

6.1 Freie elektromagnetische Wellen mit ebenen Wellenfronten im Vakuum

Die Welle breitet sich in der positiven x-Richtung aus.

E_m ist der Maximalbetrag der elektrischen Feldstärke $\vec{E}$,
B_m der Maximalbetrag der magnetischen Flussdichte $\vec{B}$,
c der Betrag der Vakuumlichtgeschwindigkeit,
ε_0 die elektrische,
μ_0 die magnetische Feldkonstante (► T3).

$$E = E_m \sin \omega \left(t - \frac{x}{c}\right)$$

$$B = B_m \sin \omega \left(t - \frac{x}{c}\right)$$

mit $c = \frac{1}{\sqrt{\varepsilon_0 \mu_0}}$

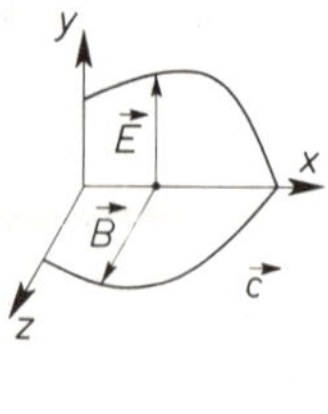

$\vec{E}$, $\vec{B}$ und $\vec{c}$ bilden ein Rechtssystem.

6.2 Stehende elektromagnetische Wellen

6.2.1 Abstand *d* zwischen je zwei benachbarten Knoten oder Bäuchen der elektrischen Feldstärke und der magnetischen Flussdichte

$$d = \frac{\lambda}{2}$$

λ ist die Wellenlänge.

6.2.2 Frequenz der *k*-ten Oberschwingung eines Dipols

$$f_k = (k + 1)\,\frac{c}{2\,l}$$

mit $k = 0, 1, 2, \ldots$

l ist die Länge des Dipols,
c der Betrag der Vakuumlichtgeschwindigkeit.

6.3 Reflexion, Brechung, Beugung und Interferenz elektromagnetischer Wellen ► M 10.1.3 … 6 und O 1; O 2

O 1 Einige wichtige Gesetze der geometrischen Optik

1.1 Reflexionsgesetz

Der einfallende Strahl, der reflektierte Strahl und das Einfallslot liegen in *einer* Ebene.

ε ist der Einfallswinkel,
ε_r der Reflexionswinkel.

$$\varepsilon = \varepsilon_r$$

1.2 Brechungsgesetz

Der einfallende Strahl, der gebrochene Strahl und das Einfallslot liegen in *einer* Ebene.

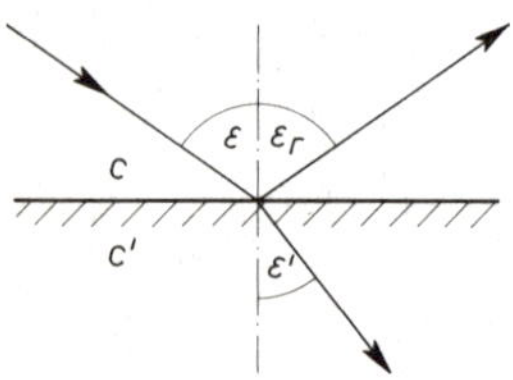

n ist die Brechzahl,
ε der Einfallswinkel,
ε' der Brechungswinkel;

$$\frac{\sin \varepsilon}{\sin \varepsilon'} = n = \text{const}$$

c und c' sind die Beträge der Ausbreitungsgeschwindigkeit des Lichtes im Medium M und im Medium M'.

$$\frac{c}{c'} = n$$

1.3 Abbildungsgleichungen für dünne Linsen

α ist der Abbildungsmaßstab,
B die Bildgröße,
G die Gegenstandsgröße,
b die Bildweite,
g die Gegenstandsweite,
f die Brennweite.

$$\alpha = \frac{B}{G} = \frac{b}{g}$$

$$\frac{1}{g} + \frac{1}{b} = \frac{1}{f}$$

1.4 Vergrößerung v optischer Geräte

ε ist der Sehwinkel ohne,
ε' der Sehwinkel mit Instrument.

$$v = \frac{\tan \varepsilon'}{\tan \varepsilon}$$

O2 Wellenoptik

2.1 Interferenz von Lichtwellen

2.1.1 Doppelspalt ► M 10.1.5 c

2.1.2 Einfachspalt ► M 10.1.5 b

2.1.3 Optisches Gitter

Hauptmaxima des Amplitudenquadrats für:

$$|\Delta s| = |b \sin\alpha| = 2k\frac{\lambda}{2}$$

mit $k = 0, 1, 2, \ldots$

b ist die Gitterkonstante,
α und Δs ► Abb.!

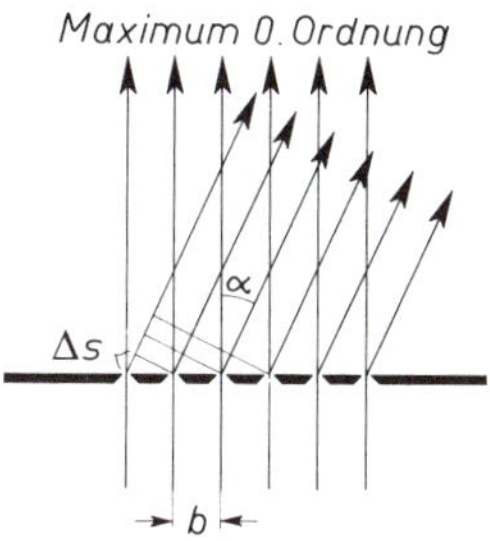

Zwischen je zwei Hauptmaxima sind

Z_1 Minima und
Z_2 Nebenmaxima eingeschaltet.

$$Z_1 = N - 1$$

$$Z_2 = N - 2$$

N ist die Zahl der Gitterspalte.

2.1.4 Kristallgitter

Bragg-Beziehung für Maxima des Amplitudenquadrats:

$$k\lambda = 2d\sin\vartheta$$

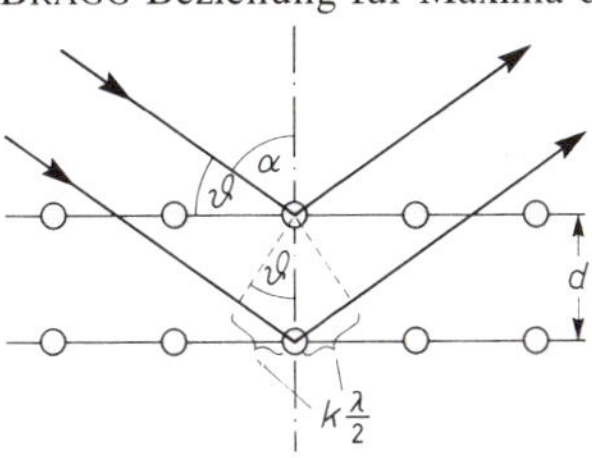

$\vartheta = 90° - \alpha$

ϑ ist der Glanzwinkel (Bragg-Winkel),
α der Einfallswinkel,
d der Netzebenenabstand,
λ die Wellenlänge,
k eine natürliche Zahl.

2.1.5 Interferenz an dünnen Schichten

Der Gangunterschied Δs der an der Rückfläche und an der Vorderfläche einer planparallelen Glasplatte (in Luft) der Dicke d reflektierten Lichtbündel ist:

$$\Delta s = 2d\sqrt{n^2 - \sin^2\varepsilon} + \frac{1}{2}\lambda$$

ε ist der Einfalls- und Reflexionswinkel. (Phasensprung um π bei der Reflexion an der Vorderfläche),
n die Brechzahl.

2.2 Frequenz und Wellenlänge des Lichts

2.2.1 Zusammenhang zwischen Frequenz, Ausbreitungsgeschwindigkeit und Wellenlänge

c ist der Betrag der Ausbreitungsgeschwindigkeit des Lichts ► T3,
f seine Frequenz,
λ seine Wellenlänge.

$$c = \lambda f$$

2.2.2 Frequenz beim Übergang des Lichts von einem Medium M in ein Medium M′

$$f = f'$$

2.2.3 Wellenlänge und Ausbreitungsgeschwindigkeit des Lichts beim Übergang von einem Medium M in ein Medium M′

$$c : c' = \lambda : \lambda'$$

2.3 Polarisation des Lichts; Brewster-Gesetz

Natürliches Licht ist im Allgemeinen nicht polarisiert. Mit Hilfe von Polarisatoren kann es linear polarisiert werden, z. B. durch Reflexion unter dem Brewster-Winkel (Polarisationswinkel) ε_p.

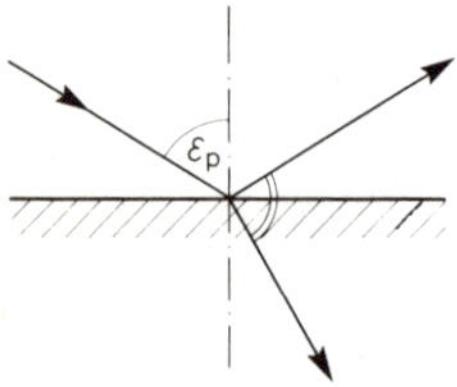

ε_p ist der Polarisationswinkel;
n ist die Brechzahl.

$$\tan \varepsilon_p = n$$

Die Schwingungsebene des elektrischen Vektors steht nach der Reflexion senkrecht zur Zeichenebene.

2.4 Optischer Doppler-Effekt (longitudinal)

Entfernen sich Strahlungsquelle (Frequenz f) und Empfänger (Frequenz f') mit der Relativgeschwindigkeit v voneinander, so gilt:

$$f' = f\sqrt{\frac{c - v}{c + v}}$$

Bei Annäherung mit der Relativgeschwindigkeit v aneinander, gilt:

$$f' = f\sqrt{\frac{c + v}{c - v}}$$

c ist der Betrag der Lichtgeschwindigkeit im Vakuum.
(Näherung ► AS 3.3)

O3 Strahlung

3.1 Energetische Strahlungsgrößen

3.1.1 Strahlungsleistung Φ

Strahlt ein Körper in der Zeit t die Strahlungsenergie Q aus, so ist seine Strahlungsleistung:

$$\Phi = \frac{Q}{t}$$

3.1.2 Bestrahlungsstärke E

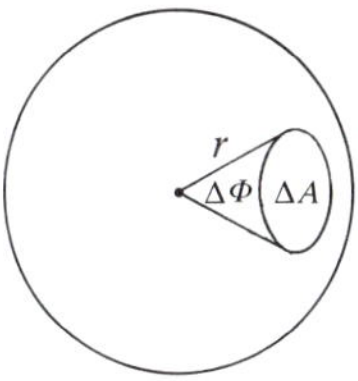

Die Strahlungsleistung $\Delta\,\Phi$ trifft im Abstand r vom Strahler auf ein senkrecht zur Strahlrichtung angeordnetes Flächenelement $\Delta\,A$.

Dort ist die Bestrahlungsstärke:

$$E = \frac{\Delta\Phi}{\Delta\,A}$$

Erfolgt die Abstrahlung gleichmäßig nach allen Richtungen, so ist die Bestrahlungsstärke im Innern einer Hohlkugel vom Radius r überall gleich, und es gilt:

$$E = \frac{\Phi}{4\,\pi\,r^2}$$

Bemerkung: Wenn man betonen will, dass es sich um energetische Größen handelt, schreibt man Q_e, Φ_e, E_e (Index e für energetisch).

3.2 Lichtgrößen

3.2.1 Lichtleistung Φ_v

Die durch das Auge bewertete Strahlungsenergie Q nennt man Lichtmenge Q_v (Index v von visuell). Wird die Lichtmenge Q_v in der Zeit t ausgesandt, so ist die Lichtleistung:

$$\Phi_v = \frac{Q_v}{t}$$

3.2.2 Beleuchtungsstärke E_v

Die Lichtleistung $\Delta\,\Phi_v$ trifft im Abstand r von der Lichtquelle auf ein senkrecht zur Lichtrichtung angeordnetes Flächenelement $\Delta\,A$. Dort ist die Beleuchtungsstärke:

$$E_v = \frac{\Delta\Phi_v}{\Delta\,A}$$

Erfolgt die Lichtaussendung gleichmäßig nach allen Richtungen, so ist die Beleuchtungsstärke im Innern einer Hohlkugel vom Radius r überall gleich, und es gilt:

$$E_v = \frac{\Phi_v}{4 \pi r^2}$$

Bemerkung: Wenn keine Verwechslung mit den energetischen Größen zu befürchten ist, so kann man Q, Φ, E ohne Index v schreiben.

3.3 Schwarzer Körper

Absorbiert ein Körper für alle Wellenlängen und Temperaturen die gesamte auftreffende Strahlung, so ist er ein *schwarzer Körper.*

Ein Hohlraumstrahler ist z. B. ein schwarzer Körper.

3.4 WIEN-Verschiebungsgesetz

Die von einem schwarzen Körper ausgesandte Strahlungsleistung hat als Funktion der Wellenlänge λ ein Maximum λ_m, dessen Lage von der Temperatur T des Strahlers abhängt. Es gilt:

$$\lambda_m T = b$$

Dabei ist die WIEN-Verschiebungskonstante $b = 2{,}8978 \cdot 10^{-3}$ m K ► T3.

3.5 STEFAN-BOLTZMANN-Gesetz

Die von der Fläche A eines schwarzen Körpers der Temperatur T in den Halbraum ausgesandte Strahlungsleistung ist:

$$\Phi = \sigma A T^4$$

Dabei ist die STEFAN-BOLTZMANN-Konstante $\sigma = 5{,}6705 \cdot 10^{-8}$ W m^{-2} K^{-4} ► T3.

3.6 PLANCK-Strahlungsgesetz

Die von einem Körper in den Halbraum ausgesandte Strahlungsleistung Φ_λ des Wellenlängengebiets zwischen λ und $(\lambda + \Delta\lambda)$ ist:

$$\Phi_\lambda = c_1 \lambda^{-5} A (e^{c_2/\lambda T} - 1)^{-1} \Delta\lambda$$

A ist die strahlende Fläche,
T die Temperatur des schwarzen Körpers,
c_1 $= 3{,}7418 \cdot 10^{-16}$ W m^2 die erste und
c_2 $= 1{,}4388 \cdot 10^{-2}$ m K die zweite PLANCK-Strahlungskonstante ► T3.

A 1 Geladene Teilchen im elektrischen und magnetischen Feld

1.1 Spezifische Ladung (Definition)

$$\text{spez. Ladung} = \frac{Q}{m}$$

Q ist die Ladung,
m die Masse des Teilchens.

1.2 Faraday-Konstante F und Elementarladung e

$$e = \frac{F}{N_A}$$

N_A ist die Avogadro-Konstante ► T3.

1.3 Geladenes Teilchen im homogenen elektrischen Feld

1.3.1 Kraft $\vec{F}$ auf ein Teilchen der Ladung Q im elektrischen Feld

$$\vec{F} = Q\,\vec{E}$$

$\vec{E}$ ist die elektrische Feldstärke.

1.3.2 Geschwindigkeitsbetrag v eines ursprünglich ruhenden Teilchens der Ladung Q nach Durchlaufen der Spannung U

$$v = \sqrt{2\left|\frac{Q}{m_0}\right|\left|U\right|}$$

m_0 ist die Ruhemasse des Teilchens,
c der Betrag der Vakuumlichtgeschwindigkeit.

Der Ausdruck ist nur verwendbar für $v < 0{,}1\,c$ (► R 2.3.3).

1.4 Kraft auf ein geladenes Teilchen im homogenen Magnetfeld (Lorentz-Kraft)

Ist die Richtung von $\vec{v}$ senkrecht zu den Feldlinien, dann gilt für den Betrag von $\vec{F}$ die Gleichung:

$$F = Q\,v\,B$$

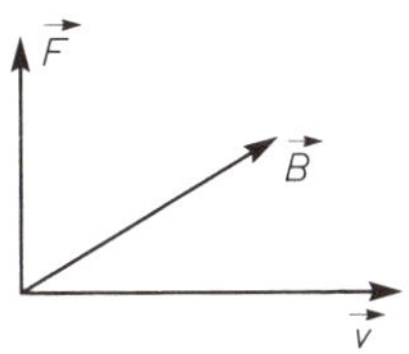

Die Richtung von $\vec{F}$ auf die positive Ladung Q zeigt die Abbildung.

$\vec{v}$, $\vec{B}$ und $\vec{F}$ bilden ein Rechtssystem.

Allgemein ist $\vec{F}$ das Produkt aus Q und dem Vektorprodukt $\vec{v} \times \vec{B}$.

$$\vec{F} = Q\,\vec{v} \times \vec{B}$$

A2	Photon

2.1 Lichtelektrischer Effekt

EINSTEIN-Gleichung:

$$\frac{m}{2}\, v_{max}^2 = h f - W$$

$\frac{m}{2}\, v^2_{max}$ ist die kinetische Energie jeweils eines der schnellsten ausgelösten Elektronen,

h ist die PLANCK-Konstante (► T3),

h $= 6{,}6261 \cdot 10^{-34}$ J s $= 4{,}1357 \cdot 10^{-15}$ eV s;

f ist die Frequenz des Photons und

W die Austrittsarbeit.

2.2 Photon als Korpuskel

2.2.1 Energie eines Photons

$$E = h f$$

2.2.2 Masse *m* eines Photons

c ist der Betrag der Vakuumlichtgeschwindigkeit ► T3.

$$m = \frac{h f}{c^2}$$

2.2.3 Impulsbetrag *p* eines Photons

λ ist die Wellenlänge, die dem Photon zugeordnet werden kann.

$$p = \frac{h f}{c} = \frac{h}{\lambda}$$

2.3 COMPTON-Effekt

$\Delta\lambda = \lambda' - \lambda$; dabei ist λ' die Wellenlänge des gestreuten, λ die Wellenlänge des eingestrahlten Photons.

ϑ ist der Winkel zwischen der Richtung des eingestrahlten und der Richtung des gestreuten Photons.

$$\Delta\lambda = \lambda_C\,(1 - \cos\vartheta)$$

λ_C ist die COMPTON-Wellenlänge, für die gilt:

$$\lambda_C = \frac{h}{m_0\, c}$$

m_0 ist die Ruhemasse des Elektrons.

2.4 RÖNTGEN-Bremsstrahlung

Die durch Abbremsen von Elektronen erzeugte RÖNTGEN-Bremsstrahlung erreicht höchstens die Grenzfrequenz f_g.

$$f_g = \frac{e\, U}{h}$$

e ist die Elementarladung und

U die von den Elektronen durchlaufene Spannung.

A3 Unschärferelationen von HEISENBERG

3.1 Impuls-Ort-Beziehung

$$\Delta p_x \, \Delta x \geqq \frac{h}{2\pi}$$

Δp_x ist die Unschärfe des Impulses in der x-Richtung,
Δx die Unschärfe der Ortskoordinate und
h die PLANCK-Konstante ► T3.

3.2 Energie-Zeit-Beziehung

$$\Delta E \, \Delta t \geqq \frac{h}{2\pi}$$

ΔE ist die Unschärfe der Energie,
Δt die Unschärfe der Zeitbestimmung.

A4 Materiewellen

4.1 Die einem bewegten Teilchen zugeordnete Materiewelle

4.1.1 Frequenz f der Materiewelle eines Teilchens der Masse m

$$f = \frac{m\,c^2}{h}$$

h ist die PLANCK-Konstante ► T3,
c der Betrag der Vakuumlichtgeschwindigkeit ► T3.

4.1.2 Wellenlänge λ der Materiewelle eines Teilchens der Masse m

$$\lambda = \frac{h}{m\,v}$$

v ist die Teilchengeschwindigkeit.

4.2 Phasengeschwindigkeit u und Teilchengeschwindigkeit v einer Materiewelle

$$u\,v = c^2$$

A5 Atombau

5.1 Serien des Wasserstoffatomspektrums

5.1.1 Spektralterme T_n

n ist eine beliebige natürliche Zahl,
R_H die RYDBERG-Konstante für Wasserstoff; ►T3.
$R_H = 1{,}0967758 \cdot 10^7\ m^{-1}$

$$T_n = -\frac{R_H}{n^2}$$

5.1.2 Allgemeine Serienformel

$\frac{1}{\lambda}$ ist die Wellenzahl,
λ die Wellenlänge;
T_{n_1} ist der feste Term einer Serie,
T_{n_2} der Laufterm.

$$\frac{1}{\lambda} = T_{n2} - T_{n1} = R_H \left(\frac{1}{n_1{}^2} - \frac{1}{n_2{}^2}\right)$$

mit $n_1 = 1, 2, 3, \ldots$
$n_2 = n_1 + 1, n_1 + 2, n_1 + 3, \ldots$

5.2 BOHR-Postulate für das Elektron des Wasserstoffatoms

5.2.1 Erstes BOHR-Postulat

Die Energie des Elektrons im Atom kann nur diskrete Werte annehmen.

5.2.2 Zweites BOHR-Postulat

ΔE ist der Energieunterschied zwischen der höheren und der niedrigeren Quantenbahn beim Elektronensprung, der zur Emission eines Photons der Frequenz f führt.

$$\Delta E = hf$$

5.2.3 BOHR-Quantenbedingung

r_n ist der Radius der n-ten Quantenbahn,
v_n der Betrag der Geschwindigkeit in dieser Bahn,
m_e die Elektronenruhemasse,
h die PLANCK-Konstante ►T3.

$$2\,\pi\, r_n\, m_e\, v_n = n\, h$$

mit $n = 1, 2, 3, \ldots$

5.3 Energiestufen des Elektrons im Wasserstoffatom

5.3.1 Energiewert E_n der n-ten Quantenbahn für das Nullniveau bei $n = 1$

c ist der Betrag der Vakuumlichtgeschwindigkeit ► T3,
n eine natürliche Zahl.

$$E_n = R_{\mathrm{H}}\, h\, c \left(1 - \frac{1}{n^2}\right)$$

5.3.2 Bindungsenergiewert E'_n der n-ten Quantenbahn

$$E'_n = -\frac{R_{\mathrm{H}}\, h\, c}{n^2}$$

5.3.3 Zusammenhang zwischen den Spektraltermen und den Bindungsenergiewerten

$$T_n = \frac{E'_n}{h\, c}$$

5.4 RYDBERG-Konstante R für Einelektronensysteme

e ist die Elementarladung,
m_{e} die Elektronenruhemasse,
ε_0 die elektrische Feldkonstante ► T3.

$$R = \frac{e^4\, m_{\mathrm{e}}}{8\, \varepsilon_0^2\, h^3\, c}$$

Bei Berücksichtigung der verschiedenen Kernmassen der Atome ergeben sich kleine Korrekturen der Werte von R für die einzelnen Atome.

5.5 MOSELEY-Gesetz für die K_α-Serie eines Röntgenspektrums

Z ist die Ordnungszahl des Elements, dessen K_α-Linie untersucht wird,
$1/\lambda$ die Wellenzahl,
R die RYDBERG-Konstante des Elements.

$$\frac{1}{\lambda} = \frac{3}{4} R\, (Z - 1)^2$$

A6 Kernaufbau

6.1 Proton und Neutron als Kernbausteine (Nukleonen)

A ist die Nukleonenzahl (Massenzahl),
N die Neutronenzahl,
Z die Ordnungszahl (Kernladungszahl, Protonenzahl).

$$A = N + Z$$

6.2 Nuklide

Nuklid nennt man eine Atomart, deren Kerne dieselbe Protonenzahl Z und dieselbe Neutronenzahl N und damit auch dieselbe Nukleonenzahl A haben.

Isotope Nuklide haben gleiches Z, aber verschiedene N und A.
Isobare Nuklide haben gleiches A, aber verschiedene Z und N.
Ein *chemisches Element* ist ein Gemisch aus isotopen Nukliden. (Abb. ►)

Isobare Nuklide

Li	3			Li 5	Li 6	Li 7	Li 8	Li 9	Li 10	Li 11	Isotope
He	2		He 3	He 4	He 5	He 6	He 7	He 8	He 9		Nuklide
H	1	H 1	H 2	H 3							
Element	Z / N	0	1	2	3	4	5	6	7	8	

6.3 Kernmasse m_k und Atommasse m_a eines Nuklids

m_e ist die Elektronenruhemasse,
E_b die Bindungsenergie der Elektronenhülle (► T17),
m_b die äquivalente Masse zu E_b und
c die Vakuumlichtgeschwindigkeit

$$m_k = m_a - (Z m_e - m_b)$$

mit:

$$m_b = \frac{E_b}{c^2}$$

6.4 Massendefekt B (früher Δm)

m_k ist die Kernmasse,
m_p die Protonenruhemasse,
m_n die Neutronenruhemasse.

$$B = Z m_p + N m_n - m_k$$

6.5 Atomkernradius r

r_0 ist der Radius des Protons ($\approx 1{,}4 \cdot 10^{-15}$ m),
A die Massenzahl des Kerns.

$$r = r_0 \sqrt[3]{A}$$

A 7 Radioaktivität

7.1 Aktivität A (Definition)

Die Aktivität A eines Radionuklids oder eines Radionuklidgemischs ist gleich der Zerfallsrate

$$\frac{\mathrm{d}Z(t)}{\mathrm{d}t} = \lim_{\Delta t \to 0} \frac{\Delta Z(t)}{\Delta t}:$$

$$A(t) = \frac{\mathrm{d}Z(t)}{\mathrm{d}t}$$

$\Delta Z(t) = Z(t_2) - Z(t_1)$ ist die Zahl der Kernumwandlungen im Zeitintervall $\Delta t = t_2 - t_1$.

7.2 Zerfall eines Radionuklids

7.2.1 Zerfallsgesetz

$N(t)$ ist die Zahl der im Zeitpunkt t unzerfallenen Atome;
N_0 ist die Zahl der im Zeitpunkt $t_0 = 0$ unzerfallenen Atome;
λ ist die Zerfallskonstante.

$$N(t) = N_0 \, \mathrm{e}^{-\lambda t}$$

7.2.2 Zerfallskonstante λ

Durch Differenzieren des Zerfallsgesetzes folgt:

$$\lambda = -\frac{1}{N(t)} \cdot \frac{\mathrm{d}N(t)}{\mathrm{d}t}$$

7.2.3 Mittlere Lebensdauer τ (Definition)

$$\tau = \frac{1}{\lambda}$$

7.2.4 Halbwertszeit $T_{1/2}$ (Definition)

Nach der Zeit $T_{1/2}$ ist noch die Hälfte aller Atome unzerfallen; daher gilt:

$$T_{1/2} = \frac{\ln 2}{\lambda}$$

7.2.5 Zerfallsgesetz und Aktivität A

Falls beim Zerfall eines Radionuklids keine gleichzeitige Nachbildung erfolgt, ist $\Delta Z(t) = -\Delta N(t)$. Ein solches Radionuklid hat zum Zeitpunkt t die Aktivität:

$$A(t) = \lambda N(t)$$

7.3 Absorption von β- und γ-Strahlen

z ist die Zählrate bei zwischengeschalteter Folie der Dicke d,
z_0 ist die Zählrate ohne Absorber,
μ der Schwächungskoeffizient.

$$z = z_0 \, e^{-\mu d}$$

7.4 Halbwertsdicke $D_{1/2}$ (Definition)

$D_{1/2}$ ist die Dicke eines Absorbers, der die Zählrate auf die Hälfte sinken lässt.

$$D_{1/2} = \frac{\ln 2}{\mu}$$

7.5 Energiedosis D (Definition)

E ist die Energie, die vom bestrahlten Körper absorbiert wird,
m die Masse des Körpers.

$$D = \frac{E}{m}$$

7.6 Äquivalentdosis H (Definition)

D ist die Energiedosis,
q der Bewertungsfaktor für die biologische Wirkung.

$$H = q\,D$$

R 1 Relativistische Kinematik

1.1 Relativistischer Doppler-Effekt (longitudinal) ► O 2.4

Die Frequenzverhältnisse $k = \frac{f}{f_E}$ (beim Entfernen) und $\bar{k} = \frac{f}{f_E}$ (beim Annähern) mit der Relativgeschwindigkeit $v = \text{const}$ von Sender und Empfänger bezeichnet man als Doppler-Faktoren.

$$k = \sqrt{\frac{c + v}{c - v}}$$

$$\bar{k} = \sqrt{\frac{c - v}{c + v}}$$

f ist die Frequenz des Senders,
f_E die vom Empfänger registrierte Frequenz,
c die Lichtgeschwindigkeit im Vakuum.

1.2 Lorentz-Transformation

Das Inertialsystem S' bewegt sich relativ zum Inertialsystem S mit der konstanten Geschwindigkeit v in Richtung der positiven x-Achse.

$$x' = \gamma\,(x - vt)\,; \qquad x = \gamma\,(x' + vt')$$

$$t' = \gamma\left(t - \frac{v}{c^2}\,x\right); \quad t = \gamma\left(t' + \frac{v}{c^2}\,x'\right)$$

$$\text{mit } \gamma = \frac{1}{\sqrt{1 - \beta^2}} \text{ und } \beta = \frac{v}{c}$$

$x;\, t$ sind die Koordinaten eines Ereignisses im S-System,
$x';\, t'$ sind die Koordinaten des gleichen Ereignisses im S'-System.

1.3 Zeitdilatation

Für einen Vorgang, der an einem festen Ort ($x_1' = x_2'$) in S' im Zeitintervall $\Delta t'$ abläuft, stellt der Beobachter in S das größere Zeitintervall Δt fest.
S' bewegt sich relativ zu S mit $v = \text{const}$ wie in 1.2.

$$\Delta t = \gamma\,\Delta t'$$

1.4 Längenkontraktion

Ein in S' parallel zur x'-Achse ruhender Stab habe in S' die Länge l'. Die in S gemessene Länge l ($t_1 = t_2$) ist kleiner als l'.
S' bewegt sich relativ zu S mit $v = \text{const}$ wie in 1.2.

$$l = \frac{1}{\gamma}\,l'$$

1.5 Relativistische Addition von Geschwindigkeiten

Ein Körper hat in S' die Geschwindigkeit $\vec{v}_{23}$; S' bewegt sich relativ zu S mit $\vec{v}_{12} = \text{const}$ in Richtung der positiven x-Achse.

$$v_{13} = \frac{v_{12} + v_{23}}{1 + \frac{v_{12}\,v_{23}}{c^2}}$$

$\vec{v}_{13}$ ist die Geschwindigkeit des Körpers in S;
$\vec{v}_{12}$, $\vec{v}_{23}$ und $\vec{v}_{13}$ haben die gleiche oder einander entgegengesetzte Richtung.

R 2 Relativistische Dynamik

2.1 Relativistischer Impuls

Ein Körper bewegt sich in einem Inertialsystem S mit der Geschwindigkeit v = const. Sein Impuls $\vec{p}$ hat in S den Betrag:

$$p = m\,v = \gamma\, m_0\, v$$

m_0 ist die Masse des in S ruhenden,
m die Masse des mit v = const in S bewegten Körpers.

2.2 Geschwindigkeitsabhängigkeit der Masse

Ein Körper bewegt sich in einem Inertialsystem S mit der Geschwindigkeit v = const. Seine Masse m in S ist:

$$m = \gamma\, m_0$$

m_0 ist die Masse des in S ruhenden,
m die Masse des mit v = const in S bewegten Körpers.

2.3 Relativistische Energie

Ein Körper bewegt sich in einem Inertialsystem S mit der Geschwindigkeit v = const.

2.3.1 Seine Gesamtenergie E in S ist: (Masse-Energie-Beziehung)

$$E = m\,c^2$$

2.3.2 Seine Ruheenergie E_0 in S ist:

$$E_0 = m_0\, c^2$$

2.3.3 Seine kinetische Energie E_k in S ist:

$$E_k = (m - m_0)\, c^2$$

Der Ausdruck $E_k = \frac{m}{2}\, v^2$ ist nur für $v < 0{,}1\, c$ verwendbar.

2.3.4 Beziehung zwischen dem relativistischen Impuls und der relativistischen Energie eines Körpers

Der Körper bewegt sich in einem Inertialsystem S mit der Geschwindigkeit v = const.

$$E^2 - c^2 p^2 = E_0{}^2$$

AS 1 Astronomische Entfernungen

1.1 Astronomische Entfernungseinheiten

Die astronomische Einheit (AE) ist gleich der großen Halbachse der Erdbahn; für genaue Rechnungen gilt:

$1\ \mathrm{AE} = 1{,}495979 \cdot 10^{11}\ \mathrm{m}$

Ein Lichtjahr (Lj) ist die Entfernung, die das Licht im Vakuum in einem Jahr durchläuft; es gilt:

$1\ \mathrm{Lj} = 6{,}3240 \cdot 10^{4}\ \mathrm{AE} = 9{,}46 \cdot 10^{15}\ \mathrm{m}$

Parsec (pc) ist die Entfernung, von der aus 1 AE unter dem Winkel 1″ erscheint; es gilt:

$1\ \mathrm{pc} = 3{,}26\ \mathrm{Lj} = 3{,}08 \cdot 10^{16}\ \mathrm{m}$

1.2 Parallaxe

$$\frac{r}{1\ \mathrm{pc}} = \frac{1''}{p}$$

p ist die trigonometrische Parallaxe in Bogensekunden,
r die Entfernung des Sternes von der Sonne.

AS 2 Die Sonne und ihre Planeten

2.1 Siderische und synodische Umlaufzeit eines Planeten

$$\frac{1}{T_{\mathrm{sid}}} = \frac{1}{T_{\mathrm{Erde}}} \mp \frac{1}{T_{\mathrm{syn}}}$$

Ist a die große Halbachse der Bahnellipse, so gilt für einen Planeten mit
$a > 1$ AE das Minuszeichen,
$a < 1$ AE das Pluszeichen.

2.2 Gravitation und Bewegungen vom Himmelskörpern ► M 7

AS 3 Strahlung und Entfernung der Sterne

3.1 WIEN-Verschiebungsgesetz ► O3.4

3.2 STEFAN-BOLTZMANN-Gesetz ► O3.5

3.3 Optischer DOPPLER-Effekt ► O2.4

In der Astronomie wird häufig die nichtrelativistische Näherung für $v \ll c$ verwendet. Es ist dann:

$$\frac{\Delta\lambda}{\lambda} = \pm\frac{v}{c}$$

$$\frac{\Delta f}{f} = \mp\frac{v}{c}$$

$\Delta\lambda = \lambda' - \lambda$ ist die Verschiebung der Wellenlänge von λ nach λ',
$\Delta f = f' - f$ die entsprechende Änderung der Frequenz von f nach f'.
v ist der Betrag der Relativgeschwindigkeit zwischen Lichtquelle und Empfänger,
c der Betrag der Vakuumlichtgeschwindigkeit.

Das obere Vorzeichen gilt jeweils, wenn sich Lichtquelle und Empfänger voneinander entfernen, das untere Vorzeichen, wenn sie sich einander nähern.

3.4 Leuchtkraft; Bestrahlungsstärke; Solarkonstante

Die Strahlungsleistung Φ (► O 3.1.1) eines Sternes nennt man Leuchtkraft und bezeichnet sie mit L.
In der Entfernung r trifft die (nach allen Seiten gleichmäßig abgestrahlte) Leuchtkraft auf eine Hohlkugelfläche $A = 4\,\pi\,r^2$.
Dort ist die Bestrahlungstärke E (► O 3.1.2):

$$E = \frac{L}{4\,\pi\,r^2}$$

Spezialfall: Solarkonstante S

$$S = \frac{L_{\odot}}{4\,\pi\,(1\text{ AE})^2}$$

$L_{\odot}$ ist die Leuchtkraft der Sonne;
S die Bestrahlungsstärke $E_{\odot}$ in der Entfernung 1 AE.

Es ist die Solarkonstante $S = 1{,}36\text{ kW m}^{-2}$ ► T3.

3.5 Helligkeiten

3.5.1 Scheinbare Helligkeit

m ist die scheinbare Helligkeit.

$$q^{m_2 - m_1} = \frac{E_1}{E_2}$$

m_1, m_2 sind die scheinbaren Helligkeiten von zwei Sternen und
E_1, E_2 die von ihnen in der Entfernung *r* hervorgerufenen Bestrahlungsstärken.

$$m_1 - m_2 = -2{,}5 \cdot \lg\left(\frac{E_1}{E_2}\right)$$

Ein Helligkeitsunterschied von 5 Größenklassen entspricht einem Verhältnis der Bestrahlungsstärken von 100 : 1.

Definition: $q = \sqrt[5]{100} = 2{,}512$

3.5.2 Absolute Helligkeit

M ist die absolute Helligkeit aus der Entfernung 10 pc = 32,6 Lj.

$$q^{M_2 - M_1} = \frac{L_1}{L_2}$$

M_1, M_2 sind die absoluten Helligkeiten von zwei Sternen und
L_1, L_2 ihre Leuchtkräfte.

$$M_1 - M_2 = -2{,}5 \cdot \lg\left(\frac{L_1}{L_2}\right)$$

3.5.3 Entfernungsmodul

Der Entfernungsmodul eines Sternes ist:
r ist die Entfernung des Sternes.

$$m - M = 5 \cdot \lg\left(\frac{r}{10\ \text{pc}}\right)$$

3.6 Masse-Leuchtkraft-Beziehung

Für Hauptreihensterne gilt angenähert:

L ist die Leuchtkraft (Strahlungsleistung),
M die Masse des strahlenden Sterns.

$$L \sim M^3$$

3.7 Perioden-Helligkeits-Beziehung bei Cepheiden

M ist die mittlere absolute Helligkeit,
p die Periodendauer, 1 d ein Tag.

$$M = -1{,}67 - 2{,}54 \cdot \lg\left(\frac{p}{1\ \text{d}}\right)$$

3.8 Hubble-Beziehung

v ist die Fluchtgeschwindigkeit,
r die Entfernung und H_0 die Hubble-Konstante ►T3.

$$v = H_0\, r$$

$H_0 = 60\ \text{km s}^{-1}\ \text{Mpc}^{-1}$ (gängiger Mittelwert).

T 1 Physikalische Größen – ihre Zeichen und Einheiten

Größe	Zeichen	SI-Einheit	Bemerkung

1.1 Allgemein wichtige und mechanische Größen

Größe	Zeichen	SI-Einheit	Bemerkung
Länge (Basisgröße)	l	m	m = Meter ► T2.1
Breite	b	m	–
Höhe	h	m	–
Radius	r	m	–
Durchmesser	d	m	–
Fläche, Querschnitt	A, S	m^2	–
Volumen	V	m^3	–
Winkel (ebener)	$\alpha, \beta, \gamma, \delta, \varepsilon, \varphi$	$\frac{m}{m} = 1$ (rad)	rad = Radiant
Raumwinkel	ω	$\frac{m^2}{m^2} = 1$ (sr)	sr = Steradiant
Zeit(-punkt u. -spanne) (Basisgröße)	t	s	s = Sekunde ► T2.1 und T2.4.1
Ortsvektor	$\vec{r}$	m	–
Weglänge	s	m	–
Geschwindigkeit; Bahn-	$\vec{v}$, $\vec{u}$	$m\ s^{-1}$	–
Beschleunigung; Bahn-	$\vec{a}$	$m\ s^{-2}$	–
Masse (Basisgröße)	m	kg	kg = Kilogramm ► T2.1 und 2.4
Dichte	ϱ	$kg\ m^{-3}$	auch $g\ cm^{-3}$
Kraft	$\vec{F}$	$N = m\ kg\ s^{-2}$	N = Newton; früher: Kilopond (kp) = 9,81 N
Gewichtskraft	$\vec{F}_g$	N	–
Impuls	$\vec{p}$	N s	–
Druck	p	$N\ m^{-2}$ = Pa	Pa = Pascal; ► T2.4.5 früher: Technische Atmosphäre (at) $= 9{,}81 \cdot 10^4$ Pa Physikalische Atmosphäre (atm) $= 1{,}01 \cdot 10^5$ Pa Torr $= 1{,}33 \cdot 10^2$ Pa
Arbeit	W	J = N m	J = Joule; ► T2.4.4

Größe	Zeichen	SI-Einheit	Bemerkung
Energie	E, W	J	► T2.4
Leistung	P	$W = J\ s^{-1}$	W = Watt; früher: Ps = 0,736 kW
Winkelgeschwindigkeit	ω	s^{-1} (rad s^{-1})	–
Winkelbeschleunigung	α	s^{-2} (rad s^{-2})	–
Umlaufsdauer (Periode)	T	s	–
Frequenz	f	s^{-1} = Hz	Hz = Hertz
Drehmoment	$\vec{M}$	N m	–
Trägheitsmoment, Massen-	J	kg m^2	–
Zug- oder Druckspannung	σ	N m^{-2}	–
Federkonstante	D	N m^{-1}	–
Elastizitätsmodul	E	N m^{-2}	–
Gleit-, Schubmodul	G	N m^{-2}	–
Kompressibilität	$\varkappa$	$m^2\ N^{-1} = Pa^{-1}$	–
Reibungszahl	μ	1	–
Zähigkeit (Viskosität),	η	$N\ s\ m^{-2} = Pa\ s$	–
Wirkungsgrad	η	1	–

1.2 Schwingungs- und Wellengrößen – Akustische Größen

Periodendauer	T	s	–
Federkonstante (Richtgröße)	D	N m^{-1}	–
Frequenz	f	s^{-1} = Hz	–
Kreisfrequenz	ω	s^{-1}	–
Schwingungsweite Amplitude	A	m	–
Schwingungsphase	φ	$\frac{m}{m} = 1$ (rad)	–
Elongation (Ausschlag)	s, x, y	m	–
Wellenlänge	λ	m	–
Ausbreitungs-(Phasen-)geschwindigkeit	c	m s^{-1}	–
Winkelrichtgröße	D^*	N m (rad^{-1})	–
Schallintensität	J	W m^{-2}	–
Lautstärkepegel	L_N	–	Phon

Größe	Zeichen	SI-Einheit	Bemerkung

1.3 Wärmegrößen

Größe	Zeichen	SI-Einheit	Bemerkung
Temperatur thermodynamische (Basisgröße)	T	K	K = Kelvin; ► T2.1
Temperatur n. CELSIUS	t, ϑ	°C	°C = Grad Celsius
Temperaturunterschied	ΔT	K	–
Längenausdehnungskoeffizient	α	K^{-1}	–
Volumenausdehnungskoeffizient	γ	K^{-1}	–
Wärme (Wärmearbeit)	Q	J	früher: kcal 1 kcal = $4{,}19 \cdot 10^3$ J
Wärmekapazität	C	$J\,K^{-1}$	–
spez. Wärmekapzität	c	$J\,K^{-1}\,kg^{-1}$	–
Stoffmenge (Basisgröße)	n	mol	mol = Mol; ► T2.1 häufig auch: kmol
molare Masse	M_m	$kg\,kmol^{-1}$	–
Gaskonstante, allgem.	R	$J\,K^{-1}\,kmol^{-1}$	–
mol. Wärmekapazität	C_m	$J\,K^{-1}\,kmol^{-1}$	–
Wärmeleitfähigkeit	λ	$W\,m^{-1}\,K^{-1}$	–

1.4 Elektrische Größen

Größe	Zeichen	SI-Einheit	Bemerkung
elektrische Ladung	Q	C = A s	C = Coulomb
elektrische Feldstärke	$\vec{E}$	$V\,m^{-1} = N\,C^{-1}$	–
elektrische Spannung	U	V	V = Volt
elektrisches Potential	φ	V	–
elektrische Stromstärke (Basisgröße)	I	A	A = Ampere; ► T2.1
elektrischer Widerstand (Wirk-)	R	$\Omega = V\,A^{-1}$	Ω = Ohm
Blindwiderstand	X	Ω	–
Scheinwiderstand	Z	Ω	–
spezifischer elektrischer Widerstand	ϱ	Ω m	auch: $\Omega\,\frac{mm^2}{m}$
elektrischer Leitwert (Wirk-)	G	$S = \Omega^{-1} = A\,V^{-1}$	S = Siemens

Größe	Zeichen	SI-Einheit	Bemerkung
Blindleitwert	B	S	–
Scheinleitwert	Y	S	–
elektrische Leitfähigkeit	$\varkappa$	$S\,m^{-1} = \Omega^{-1}\,m^{-1}$	auch: $S\,\frac{m}{mm^2}$
elektrische Flussdichte	$\vec{D}$	$A\,s\,m^{-2}$	–
Dielektrizitätskonstante (Permittivität)	ε	$A\,s\,V^{-1}\,m^{-1} = F\,m^{-1}$	$\varepsilon = \varepsilon_0\,\varepsilon_r$;
Dielektrizitätszahl (Permittivitätszahl)	ε_r	1	–
elektr. Feldkonstante	ε_0	$F\,m^{-1}$	► T3
Kapazität	C	$F = A\,s\,V^{-1}$	F = Farad
Arbeit, Energie	W	J = V A s = W s	► T2.4
Leistung	P	W = V A	–

1.5 Magnetische Größen

magnetischer Fluss	Φ	V s = Wb	Wb = Weber;
magnetische Flussdichte (magn. Induktion)	$\vec{B}$	$V\,s\,m^{-2} = Wb\,m^{-2} = 1\,T$	T = Tesla
Permeabilität	μ	$V\,s\,A^{-1}\,m^{-1} = H\,m^{-1}$	$\mu = \mu_0\,\mu_r$
Permeabilitätszahl	μ_r	1	–
magn. Feldkonstante	μ_0	$H\,m^{-1}$	► T3
Induktivität	L	$H = V\,s\,A^{-1}$	H = Henry

1.6 Optische Größen und Strahlungsgrößen

Lichtgeschwindigkeit	c	$m\,s^{-1}$	–
Brechzahl	n	1	–
Brennweite	f	m	–
Lichtstrom, -leistung	Φ_v	lm	lm = Lumen
Lichtstärke (Basisgröße)	I_v	$cd = lm\,sr^{-1}$	cd = Candela; ► T2.1
Leuchtdichte	L	$cd\,m^{-2}$	–
Beleuchtungsstärke	E_v	$lx = lm\,m^{-2}$	lx = Lux
Strahlungsleistung	Φ (Φ_e)	W	–
Bestrahlungsstärke	E (E_e)	$W\,m^{-2}$	–

Größe	Zeichen	SI-Einheit	Bemerkung

1.7 Atomphysikalische Größen

Größe	Zeichen	SI-Einheit	Bemerkung
Stoffmenge (Basisgröße)	n	mol	mol = Mol; ► T2.1 häufig: kmol
Atommasse	m_a	kg	häufig: u = atomare
Kernmasse	m_k	kg	Masseneinheit; ► T2.4.2
molare Masse	M_m	kg mol^{-1}	häufig: kg kmol^{-1}
Teilchenzahl	N	1	–
Ordnungszahl (Protonenzahl, Kernladungszahl)	Z	1	–
Nukleonenzahl (Massenzahl)	A	1	–
Neutronenzahl	N	1	–
Zerfallskonstante	λ	s^{-1}	–
Halbwertszeit	$T_{1/2}$ (T)	s	auch min, h, d, a
Aktivität	A	s^{-1} = Bq	Bq = Becquerel; früher: 1 Curie (Ci) = 3,70 · 10^{10} Bq
Schwächungskoeffzient	μ	m^{-1}	–
Energiedosis	D	J kg^{-1} = Gy	Gy = Gray; früher: Rad = 10^{-2} Gy
Äquivalentdosis	H	J kg^{-1} = Sv	Sv = Sievert; früher: Rem = 10^{-2} Sv
Bewertungsfaktor	q	Sv Gy^{-1} = 1	–
Energiedosisrate	$\dot{D}$	W kg^{-1}	–
Äquivalentdosisrate	$\dot{H}$	W kg^{-1}	–

1.8 Astronomische Größen

Größe	Zeichen	SI-Einheit	Bemerkung
Leuchtkraft	L	W	L = Strahlungsleistung Φ eines Sternes
scheinbare Helligkeit	m	–	–
absolute Helligkeit	M	–	–

T2 Gesetzliche Einheiten

2.1 SI-Basiseinheiten

1 **Meter** (m) ist die Länge der Strecke, die Licht im Vakuum während der Dauer von 1/299 792 458 Sekunden durchläuft.

1 **Kilogramm** (kg) ist die Masse des Internationalen Kilogrammprototyps.

1 **Sekunde** (s) ist das 9 192 631 770fache der Periodendauer der dem Übergang zwischen den beiden Hyperfeinstrukturniveaus des Grundzustandes von Atomen des Nuklids ^{133}Cs entsprechenden Strahlung.

1 **Ampere** (A) ist die Stärke eines zeitlich unveränderlichen elektrischen Stromes, der, durch zwei im Vakuum parallel im Abstand 1 m voneinander angeordnete, geradlinige, unendlich lange Leiter von vernachlässigbar kleinem, kreisförmigem Querschnitt fließend, zwischen diesen Leitern je 1 m Leiterlänge die Kraft $2 \cdot 10^{-7}$ N hervorrufen würde.

1 **Kelvin** (K) ist der 273,16te Teil der thermodynamischen Temperatur des Tripelpunktes des Wassers.

1 **Mol** (mol) ist die Stoffmenge eines Systems, das aus ebenso viel Einzelteilchen besteht, wie Atome in $\frac{12}{1000}$ kg des Kohlenstoffnuklids ^{12}C enthalten sind. Bei Verwendung des Mol müssen die Einzelteilchen des Systems spezifiziert sein und können Atome, Moleküle, Ionen, Elektronen sowie andere Teilchen oder Gruppen solcher Teilchen genau angegebener Zusammensetzung sein.

1 **Candela** (cd) ist die Lichtstärke in einer bestimmten Richtung einer Strahlungsquelle, die monochromatische Strahlung der Frequenz 540 THz aussendet und deren Strahlstärke in dieser Richtung 1/683 W sr^{-1} beträgt.

2.2 Abgeleitete SI-Einheiten

Abgeleitete SI-Einheiten sind Potenzprodukte der SI-Basiseinheiten. Zur bequemeren Handhabung hat man einer großen Zahl von ihnen eigene Namen gegeben.

Abgeleitete SI-Einheiten mit besonderen Namen

Größe	SI-Einheit	Zeichen	Zusammenhang mit anderen SI-Einheiten
ebener Winkel	Radiant	rad	rad = m/m
Frequenz	Hertz	Hz	Hz = s^{-1}
Kraft	Newton	N	N = kg m s^{-2}
Druck	Pascal	Pa	Pa = N m^{-2}
Arbeit, Energie, Wärme	Joule	J	J = N m = V A s = W s
Leistung	Watt	W	W = V A = J s^{-1}
elektr. Ladung	Coulomb	C	C = A s
elektr. Spannung	Volt	V	V = J C^{-1}
elektr. Kapazität	Farad	F	F = C V^{-1}
elektr. Widerstand	Ohm	Ω	Ω = V A^{-1}
magn. Fluss	Weber	Wb	Wb = V s
magn. Flussdichte	Tesla	T	T = Wb m^{-2}
Induktivität	Henry	H	H = Wb A^{-1}
Aktivität (radioakt.)	Becquerel	Bq	Bq = s^{-1}
Energiedosis	Gray	Gy	Gy = J kg^{-1}
Äquivalentdosis	Sievert	Sv	Sv = J kg^{-1}

2.3 Vorsätze zur Bezeichnung von Zehnerpotenzen von Einheiten

Zehner-potenz	Vorsatz	Vorsatz-zeichen
10^{-1}	Dezi	d
10^{-2}	Zenti	c
10^{-3}	Milli	m
10^{-6}	Mikro	μ
10^{-9}	Nano	n
10^{-12}	Piko	p
10^{-15}	Femto	f
10^{-18}	Atto	a

Zehner-potenz	Vorsatz	Vorsatz-zeichen
10^{1}	Deka	da
10^{2}	Hekto	h
10^{3}	Kilo	k
10^{6}	Mega	M
10^{9}	Giga	G
10^{12}	Tera	T
10^{15}	Peta	P
10^{18}	Exa	E

2.4 Umrechnung von Einheiten einiger wichtiger Größen

2.4.1 Zeit (SI-Einheit 1 Sekunde)

Einheit	Zeichen	Faktor zur Umrechnung in				
		s	min	h	d	a
Sekunde	s	1	$\frac{1}{60}$	$\frac{1}{3600}$	$\frac{1}{86\,400}$	$\frac{1}{31\,536\,000}$
Minute	min	60	1	$\frac{1}{60}$	$\frac{1}{1440}$	$\frac{1}{525\,600}$
Stunde	h	3 600	60	1	$\frac{1}{24}$	$\frac{1}{8760}$
Tag	d	86 400	1 440	24	1	$\frac{1}{365}$
Jahr	a	31 536 000	525 600	8760	365	1

2.4.2 Masse (SI-Einheit 1 Kilogramm)

Die atomare Masseneinheit 1 u ist definiert als 1/12 der Atommasse des Kohlenstoffnuklids $^{12}_{6}C$.

$1\ u = 1{,}660\,540 \cdot 10^{-27}\ kg$; $1\ kg = 6{,}022\,136 \cdot 10^{26}\ u$

2.4.3 Masse und Energie: $m\,c^2 = E$

$1\ u \cdot c^2 = 931{,}49\ MeV$; $1\ kg \cdot c^2 = 5{,}6097 \cdot 10^{29}\ MeV$

2.4.4 Arbeit und Energie (SI-Einheit 1 Joule)

Einheit	Zeichen	Faktor zur Umrechnung in		
		J	kWh	eV
Joule (SI-Einheit)	J	1	$2{,}78 \cdot 10^{-7}$	$6{,}24 \cdot 10^{18}$
Kilowattstunde	kWh	$3{,}60 \cdot 10^{6}$	1	$2{,}25 \cdot 10^{25}$
Elektronvolt	eV	$1{,}60 \cdot 10^{-19}$	$4{,}45 \cdot 10^{-26}$	1

Früher: 1 Tonne Steinkohleneinheiten (tSKE)
$1\ tSKE = 29{,}3076 \cdot 10^{9}\ J = 8{,}141 \cdot 10^{3}\ kWh.$

2.4.5 Druck (SI-Einheit 1 Pascal)

1 Pascal = 1 Pa = 10^{-5} bar = 10^{-2} mbar; 1 mbar = 1 hPa
1 Bar = 1 bar = 10^{5} Pa = 10^{3} mbar

T3 Wichtige Konstanten der Physik

α-Teilchen Ruhemasse	m_α	$= 6{,}6446616 \cdot 10^{-27}$ kg $= 4{,}001\,5065$ u
Ruheenergie	$m_\alpha c^2$	$= 3727{,}1$ MeV
spezifische Ladung	$2e/m_\alpha$	$= 4{,}8228 \cdot 10^{7}$ C kg^{-1}
Atomare Masseneinheit ist $\frac{1}{12}$ der		
Atommasse des Nuklids $^{12}_{6}$C	u	$= 1{,}660540 \cdot 10^{-27}$ kg
Energie-Äquivalent	u c^2	$= 931{,}49$ MeV
AVOGADRO-Konstante	N_A	$= 6{,}0221 \cdot 10^{26}$ kmol^{-1}
BOLTZMANN-Konstante	k	$= 1{,}3807 \cdot 10^{-23}$ J K^{-1} $= 8{,}617386 \cdot 10^{-5}$ eV K^{-1}
Elektrische Feldkonstante	ε_0	$= 8{,}8542 \cdot 10^{-12}$ C V^{-1} m^{-1}
Elektron Ruhemasse	m_e	$= 9{,}1094 \cdot 10^{-31}$ kg $= 5{,}48580 \cdot 10^{-4}$ u
Ruheenergie	$m_e c^2$	$= 0{,}511$ MeV
spez. Ladung	$-e/m_e$	$= -1{,}7588 \cdot 10^{11}$ C kg^{-1}
Elementarladung	e	$= 1{,}6022 \cdot 10^{-19}$ C
Fallbeschleunigung (Norm)	g_n	$= 9{,}80665$ m s^{-2}
FARADAY-Konstante	F	$= 9{,}6485 \cdot 10^{7}$ C kmol^{-1}
Gaskonstante (allgemeine)	R	$= 8{,}3145 \cdot 10^{3}$ J K^{-1} kmol^{-1}
Gravitationskonstante	G	$= 6{,}673 \cdot 10^{-11}$ m^3 kg^{-1} s^{-2}
HUBBLE-Konstante	H_0	$= 60$ km s^{-1} Mpc^{-1}
Konstante des 3. KEPLER-Gesetzes für die Sonne als Zentralgestirn	C_S	$= 2{,}97 \cdot 10^{-34}$ a^2 m^{-3}
Kosmische Geschwindigkeiten		
erste	v_1	$= 7{,}9$ km s^{-1}
zweite	v_2	$= 11{,}2$ km s^{-1}
Lichtgeschwindigkeit im Vakuum	c	$= 2{,}99792458 \cdot 10^{8}$ m s^{-1}
Magnetische Feldkonstante	μ_0	$= 4\pi \cdot 10^{-7}$ V s A^{-1} m^{-1}

Neutron Ruhemasse	m_n	$= 1{,}67493 \cdot 10^{-27}$ kg
		$= 1{,}008665$ u
Ruheenergie	$m_n\,c^2$	$= 939{,}57$ MeV
Normzustand idealer Gase		
Normdruck	p_0	$= 1013$ mbar
Normtemperatur	T_0	$= 273$ K
Molares Volumen im Normzustand	$V_{m,o}$	$= 22{,}4\ m^3\ kmol^{-1}$
PLANCK-Konstante	h	$= 6{,}6261 \cdot 10^{-34}$ J s
		$= 4{,}1357 \cdot 10^{-15}$ eV s
PLANCK-Strahlungskonstanten		
erste	c_1	$= 3{,}7418 \cdot 10^{-16}\ W\ m^2$
zweite	c_2	$= 1{,}4388 \cdot 10^{-2}$ m K
Proton Ruhemasse	m_p	$= 1{,}67262 \cdot 10^{-27}$ kg
		$= 1{,}007276$ u
Ruheenergie	$m_p\,c^2$	$= 938{,}27$ MeV
spezifische Ladung	e/m_p	$= 9{,}5788 \cdot 10^{7}\ C\ kg^{-1}$
RYDBERG-Konstante		
(für Kernmasse → ∞)	R_∞	$= 1{,}0973732 \cdot 10^{7}\ m^{-1}$
(für das Wasserstoffatom)	R_H	$= 1{,}0967758 \cdot 10^{7}\ m^{-1}$
Solarkonstante	S	$= 1{,}36\ kW\ m^{-2}$
STEFAN-BOLTZMANN-Konstante	σ	$= 5{,}6705 \cdot 10^{-8}\ W\ m^{-2}\ K^{-4}$
Wasserstoffatom		
Radius der BOHR-Grundbahn	a_0	$= 5{,}2918 \cdot 10^{-11}$ m
Wellenwiderstand des Vakuums	Γ_0	$= 3{,}7673 \cdot 10^{2}\ \Omega$
WIEN-Verschiebungskonstante	b	$= 2{,}8978 \cdot 10^{-3}$ m K

T4 Dichte

4.1 Feste Stoffe

(Dichte ϱ bei 20 °C)

Stoff	$\frac{\varrho}{\text{g cm}^{-3}}$
Metalle	
Aluminium	2,70
Blei	11,35
Eisen	7,86
Gold	19,3
Kupfer	8,93
Magnesium	1,74
Nickel	8,9
Platin	21,5
Silber	10,5
Zink	7,13
Zinn	7,30
Legierungen	
Duralumin[1])	2,8
Elektron[2])	1,8
Invar[3])	7,9
Messing[4])	≈8,4
Neusilber[5])	8,7
V2A-Stahl[6])	7,9
Verschiedene Stoffe	
Eis bei 0 °C	0,917
Fensterglas	≈2,6
Holz (Buche)	0,7
(Eiche)	0,9
(Tanne)	0,5
Kolophonium	1,08
Kork	≈0,3
Marmor	2,7
Paraffin	0,9
Porzellan	2,3
Quarzglas	2,2
Wachs	≈0,96
Zucker	≈1,6

1) 95 Al, 4 Cu, Rest Mg, Mn, Si, Fe.
2) 93,5 Mg, 0,5 Cu, 4 Zn, 2 Al.
3) 64 Fe, 36 Ni. 4) 62 Cu, 38 Zn.
5) 62 Cu, 16 Ni, 22 Zn. 6) 74 Fe, 18 Cr, 8 Ni.

4.2 Flüssigkeiten

(Dichte ϱ bei 20 °C)

Flüssigkeit	$\frac{\varrho}{\text{g cm}^{-3}}$
Äthylalkohol	0,789
Aceton	0,791
Benzol	0,879
Benzin	0,7 ... 0,8
Diäthyläther	0,715
Glycerin	1,260
Quecksilber	13,55
Schwefelkohlenstoff	1,263
Tetrachlorkohlenstoff	1,59
Toluol	0,867
Wasser	0,998
Olivenöl	0,91
Terpentinöl	0,87
Petroleum	0,85

4.3 Gase

(Dichte ϱ_0 bei 0 °C und 1013 mbar)

Gas	$\frac{\varrho_0}{\text{kg m}^{-3}}$
Ammoniak	0,771
Argon	1,784
Acetylen	1,173
Chlor	3,214
Helium	0,179
Kohlendioxid	1,977
Kohlenmonoxid	1,250
Krypton	3,74
Neon	0,900
Propan	2,004
Sauerstoff	1,429
Stickstoff	1,251
Wasserstoff	0,0899
Xenon	5,89
Luft	1,293
Leuchtgas	≈0,6

T5 Reibungszahlen und Widerstandsbeiwerte

5.1 Haftreibung (μ_0) und Gleitreibung (μ)

Stoffpaar	μ_0	μ
Stahl auf Stahl	0,15	0,09 … 0,3
Holz auf Holz	0,5 … 0,6	0,2 … 0,4
Eisen auf Schnee	–	≈0,04
Stahl auf Eis	≈0,03	≈0,015

5.2 Rollreibung μ

Eisen auf Eisen . . . . μ ≈0,005;
Kugeln im Kugellager . . . . μ ≈0,001.

5.3 Gesamtreibung von Fahrzeugen

Fahrzeug	μ
Schienenfahrzeug	≈0,002
Auto	
auf guter Straße	≈0,01
Wagen	
(nicht gummibereift)	
auf guter Straße	≈0,02
auf Sandboden	≈0,3

5.4 Widerstandsbeiwerte c_w in Luft

Körperform		c_w
Kreiszylinder:	L/R = 0, dünne Platte	1,11
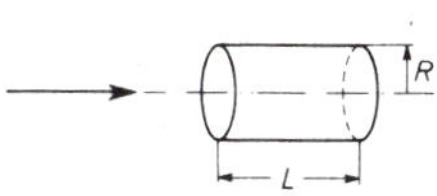	L/R = 4	0,85
	L/R = 14	0,99
Halbkugelschale:		
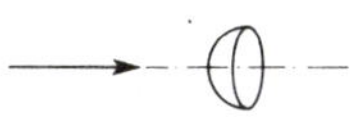	konvex	0,34
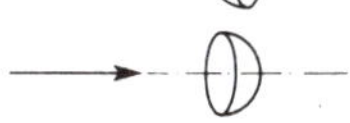	konkav	1,33
Kugel: 		0,45
Stromlinienkörper: 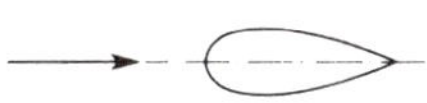		0,06
Kraftfahrzeuge:	Personenwagen	0,25 … 0,40
	Lastwagen	0,70 … 0,85

T 6 Astronomische Daten

6.1 Daten der Erde

Masse	m_E	$= 5{,}977 \cdot 10^{24}$ kg
mittlerer Radius	r_E	$= 6368$ km
mittlerer Bahnradius	r_{EB}	$= 1{,}496 \cdot 10^{8}$ km

6.2 Daten der Sonne

Masse	$m_\odot$	$= 1{,}98 \cdot 10^{30}$ kg
Radius	$r_\odot$	$= 6{,}96 \cdot 10^{8}$ m
Oberflächentemperatur	$T_\odot$	$= 5{,}8 \cdot 10^{3}$ K
Leuchtkraft	$L_\odot$	$= 3{,}82 \cdot 10^{26}$ W
Solarkonstante	S	$= 1{,}36$ kW m^{-2}
scheinbare Helligkeit	m	$= -26{,}8$
absolute Helligkeit	M	$= 4{,}8$

6.3 Himmelskörper des Sonnensystems

Himmelskörper	relativer Bahnradius	relative Umlaufzeit	Num. Exzentrizität der Bahn	relative Masse	relativer Radius	Fallbeschleunigung an der Oberfläche in m s^{-2}
Sonne	–	–	–	$3{,}34 \cdot 10^{5}$	109	275
Merkur	0,387	0,241	$20{,}6 \cdot 10^{-2}$	0,055	0,383	3,70
Venus	0,723	0,615	$0{,}7 \cdot 10^{-2}$	0,815	0,950	8,87
Erde	1,000	1,000	$1{,}7 \cdot 10^{-2}$	1,000	1,000	9,81
Mars	1,52	1,88	$9{,}3 \cdot 10^{-2}$	0,107	0,533	3,73
Jupiter	5,20	11,86	$4{,}8 \cdot 10^{-2}$	318	11,2	24,9
Saturn	9,54	29,5	$5{,}6 \cdot 10^{-2}$	95,2	9,41	11,1
Uranus	19,2	84,0	$4{,}7 \cdot 10^{-2}$	14,6	4,1	9,0
Neptun	30,1	164,8	$0{,}9 \cdot 10^{-2}$	17,2	3,8	11,4
Pluto	39,8	247,7	$25 \cdot 10^{-2}$	$3 \cdot 10^{-3}$	0,18	0,6
Erdmond	60,3 Erdradien	$7{,}42 \cdot 10^{-2}$	–	$1{,}23 \cdot 10^{-2}$	0,273	1,63

Die relativen Angaben sind auf die entsprechenden Größen der Erde bezogen (►T 6.1)

T 7 Trägheitsmomente

Folgende *einfache Körper,* jeweils der Masse m, haben bei der gezeichneten Achsenlage die Trägheitsmomente J:

	Dünnwandiger Hohlzylinder (Radius r):	$J = m r^2$
	Dickwandiger Hohlzylinder (Radien r_1 und r_2):	$J = m \dfrac{r_1^2 + r_2^2}{2}$
	Vollzylinder (Kreisscheibe) (Radius r):	$J = m \dfrac{r^2}{2}$
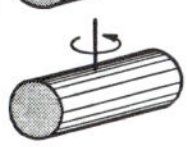	Vollzylinder (Länge l, Radius r):	$J = m \left(\dfrac{l^2}{12} + \dfrac{r^2}{4}\right)$
	Dünner langer Stab (Länge l):	$J = m \dfrac{l^2}{12}$
	Kugel (Radius r):	$J = m \dfrac{2 r^2}{5}$

T 8 Thermische Daten

8.1 **Feste Stoffe** (Metalle)

Stoff	$\dfrac{\alpha}{\text{K}^{-1}}$	$\dfrac{c}{\text{kJ kg}^{-1}\,\text{K}^{-1}}$	$\dfrac{t_s}{°\text{C}}$	$\dfrac{s}{\text{kJ kg}^{-1}}$
Aluminium ..	$23{,}8 \cdot 10^{-6}$	0,896	660	396
Blei	$29{,}4 \cdot 10^{-6}$	0,130	327	25
Eisen	$12 \cdot 10^{-6}$	0,452	1535	270
Gold	$14{,}3 \cdot 10^{-6}$	0,130	1063	65
Kupfer	$16{,}8 \cdot 10^{-6}$	0,385	1083	205
Nickel	$12{,}8 \cdot 10^{-6}$	0,448	1453	300
Platin	$9{,}0 \cdot 10^{-6}$	0,134	1769	111
Silber	$19{,}7 \cdot 10^{-6}$	0,234	961	105
Zink	$26{,}3 \cdot 10^{-6}$	0,389	420	102
Zinn	$27 \cdot 10^{-6}$	0,226	232	59

α ist der Längenausdehnungskoeffizient zwischen 0 °C und 100 °C,
c die spezifische Wärmekapazität bei 20 °C,
t_s die Schmelztemperatur und s die spezifische Schmelzwärme.

8.2 Flüssigkeiten

Flüssigkeit	$\frac{\gamma}{K^{-1}}$	$\frac{c}{kJ\,kg^{-1}\,K^{-1}}$	$\frac{t_s}{°C}$	$\frac{s}{kJ\,kg^{-1}}$	$\frac{t_r}{°C}$	$\frac{r}{kJ\,kg^{-1}}$
Äthylalkohol	$1{,}10 \cdot 10^{-3}$	2,4	− 114	105	78,3	854
Benzol	$1{,}23 \cdot 10^{-3}$	1,7	5,53	126	80,1	394
Glycerin*	$0{,}5 \cdot 10^{-3}$	2,4	20	176	290	–
Quecksilber	$0{,}182 \cdot 10^{-3}$	0,14	− 38,9	11,8	357	285
Schwefelkohlenstoff	$1{,}18 \cdot 10^{-3}$	1,0	− 112	–	46	364
Tetrachlorkohlenst.	$1{,}22 \cdot 10^{-3}$	0,84	− 23	–	77	193
Toluol	$1{,}11 \cdot 10^{-3}$	1,7	− 95	–	111	363
Wasser	$0{,}21 \cdot 10^{-3}$	4,19	0,00	334	100,0	2257
Terpentinöl	$0{,}97 \cdot 10^{-3}$	1,8	–	–	–	–
Petroleum	$0{,}96 \cdot 10^{-3}$	2,1	–	–	–	–

* (wasserfrei)
γ ist der Volumenausdehnungskoeffizient,
c die spezifische Wärmekapazität bei 20 °C,
t_s die Schmelztemperatur,
s die spezifische Schmelzwärme,
t_r die normale Siedetemperatur und
r die zugehörige spezifische Verdampfungswärme.

8.3 Gase

Gas	$\frac{c_p}{kJ\,kg^{-1}\,K^{-1}}$	$\frac{c_v}{kJ\,kg^{-1}\,K^{-1}}$	$\frac{c_p}{c_v}$	$\frac{t_s}{°C}$	$\frac{t_r}{°C}$
Argon	0,523	0,32	1,65	− 189,3	− 185,9
Helium	5,23	3,14	1,63	− 272,2	− 268,9
Sauerstoff	0,92	0,657	1,40	− 218,8	− 183,0
Stickstoff	1,04	0,741	1,40	− 210,0	− 195,8
Luft	1,00	0,716	1,40	− 213	− 193
Kohlendioxid	0,84	0,645	1,30	− 56,6	− 78,5
Wasserstoff	14,3	10,2	1,41	− 259,2	− 252,8

c_p ist die spezifische Wärmekapazität bei konstantem Druck,
c_v ist die spezifische Wärmekapazität bei konstantem Volumen,
t_s ist die Schmelztemperatur,
t_r die normale Siedetemperatur.

T

T 9 Schallgeschwindigkeit c für Längswellen

9.1 c in Stäben bei 20 °C

Stoff	$\frac{c}{\text{m s}^{-1}}$
Aluminium	$5{,}1 \cdot 10^3$
Blei	$1{,}2 \cdot 10^3$
Eisen	$5{,}1 \cdot 10^3$
Gold	$2{,}0 \cdot 10^3$
Kupfer	$3{,}7 \cdot 10^3$
Magnesium	$4{,}8 \cdot 10^3$
Messing	$3{,}4 \cdot 10^3$
Neusilber	$3{,}6 \cdot 10^3$
Nickel	$4{,}9 \cdot 10^3$
Platin	$2{,}8 \cdot 10^3$
Silber	$2{,}6 \cdot 10^3$
Zinn	$2{,}7 \cdot 10^3$
Fensterglas	$5{,}0 \cdot 10^3$

9.2 c in Flüssigkeiten bei 20 °C und in Gasen unter Normalumständen (0 °C und 1013 mbar)

Flüssigkeit	$\frac{c}{\text{m s}^{-1}}$
Aceton	$1{,}19 \cdot 10^3$
Benzol	$1{,}33 \cdot 10^3$
Glycerin	$1{,}92 \cdot 10^3$
Wasser	$1{,}48 \cdot 10^3$

Gas	$\frac{c}{\text{m s}^{-1}}$
Leuchtgas	$4{,}50 \cdot 10^2$
Luft	$3{,}31 \cdot 10^2$
Sauerstoff	$3{,}13 \cdot 10^2$
Wasserstoff	$1{,}30 \cdot 10^3$

T 10 Spezifischer elektr. Widerstand ϱ bei 20 °C

Stoff	$\frac{\varrho}{10^{-6}\ \Omega\ \text{m}}$
Aluminium	0,026
Eisen	0,10
Kupfer	0,017
Silber	0,016
Quecksilber	0,96
Platin	0,10
Konstantan[1]	0,50
Manganin[2]	0,43
Megapyr[3]	1,4

Stoff	$\frac{\varrho}{10^{-6}\ \Omega\ \text{m}}$
Cr-Ni (20/80)	1,1
Nickelin[4]	0,40
Bogenlampenkohle	≈ 60
10 %ige HCl[5]	$1{,}5 \cdot 10^4$
10 %ige H_2SO_4	$2{,}5 \cdot 10^4$
10 %ige NaOH	$3{,}1 \cdot 10^4$
10 %ige NaCl-Lös.	$7{,}9 \cdot 10^4$
10 %ige $AgNO_3$-Lös.	$21 \cdot 10^4$
10 %ige $CuSO_4$-Lös.	$30 \cdot 10^4$

[1] 54 Cu, 45 Ni, 1 Mn. [2] 86 Cu, 12 Mn, 2 Ni. [3] 65 Fe, 30 Cr, 5 Al. [4] 67 Cu, 30 Ni, 3 Mn.
[5] Gewichtsprozente der Lösung (die Salze wasserfrei gerechnet)

T 11 Wellenlänge λ einiger wichtiger Spektrallinien in Luft

Element	FRAUNHOFER-Linie	λ / nm
Helium	–	667,8
	D_3	587,6
	–	501,6
	–	492,2
	–	447,1
Kalium	–	769,9
	–	766,5
	–	404,7
Lithium ...	–	670,8
Natrium ...	D_1	589,6
	D_2	589,0

Element	FRAUNHOFER-Linie	λ / nm
Quecksilber	–	579,1
	–	577,0
	–	546,1
	–	491,6
	–	435,8
	–	407,8
	–	404,7
Wasserstoff	C (H_α)	656,5
	F (H_β)	486,3
	G′ (H_γ)	434,2
	h (H_δ)	410,3

T 12 Brechzahl n für Licht der Wellenlänge λ = 589,3 nm (D-Linie) bei 20 °C

Stoff	n
Optische Gläser:	
Flintgläser:	
F 3 (Schott)	1,6128
S F 2 (Schott) ...	1,6477
Krongläser:	
B K 7 (Schott) ..	1,5163
S K 1 (Schott) ..	1,6102

Stoff	n
Quarzglas	1,4584
Diamant	2,4173
Kanadabalsam	1,542
Äthylalkohol	1,3617
Benzol	1,5014
Schwefelkohlenstoff .	1,6277
Wasser	1,3330

T

T 13 Kantenlänge a der Elementarzelle kubisch kristallisierender Metalle bei 20 °C

Metall (flächenzentriert)	$\frac{a}{\text{m}}$
Aluminium	$4{,}04 \cdot 10^{-10}$
Blei	$4{,}94 \cdot 10^{-10}$
Gold	$4{,}08 \cdot 10^{-10}$
Kupfer	$3{,}61 \cdot 10^{-10}$
Nickel	$3{,}52 \cdot 10^{-10}$
Platin	$3{,}92 \cdot 10^{-10}$

Metall (raumzentriert)	$\frac{a}{\text{m}}$
Chrom	$2{,}88 \cdot 10^{-10}$
Eisen	$2{,}86 \cdot 10^{-10}$
Kalium	$5{,}31 \cdot 10^{-10}$
Molybdän	$3{,}14 \cdot 10^{-10}$

T 14 Austrittsarbeit und Grenzwellenlänge für den lichtelektrischen Effekt einiger Metalle

Metall	$\frac{W}{\text{eV}}$	$\frac{\lambda_g}{\text{nm}}$
Natrium	2,28	543
Kalium	2,25	551
Rubidium	2,13	582
Cäsium	1,94	639

Metall	$\frac{W}{\text{eV}}$	$\frac{\lambda_g}{\text{nm}}$
Kupfer	4,84	256
Gold	4,83	256
Platin	5,66	219
Wolfram	4,57	271

T 15 Periodensystem der chemischen Elemente

Erläuterungen:

Ordnungszahl	**24 Cr**	Symbol
	Chrom	Name
	51,996 u	Atommasse
L/M/N	8/13/1	Elektronen-Konfiguration

Bei natürlichen Elementen ist das Symbol fettgedruckt.

Periode	Elektron. Schalen	Gruppe 1	2	3	4	5	6	7	8	9
1	K	1 **H** Wasserstoff 1,0079 u 1								
2	K/L	3 **Li** Lithium 6,941 u 2/1	4 **Be** Beryllium 9,0122 u 2/2							
3	K/L/M	11 **Na** Natrium 22,99 u 2/8/1	12 **Mg** Magnesium 24,305 u 2/8/2							
4	L/M/N	19 **K** Kalium 39,098 u 8/8/1	20 **Ca** Calcium 40,08 u 8/8/2	21 **Sc** Scandium 44,956 u 8/9/2	22 **Ti** Titan 47,90 u 8/10/2	23 **V** Vanadium 50,942 u 8/11/2	24 **Cr** Chrom 51,996 u 8/13/1	25 **Mn** Mangan 54,938 u 8/13/2	26 **Fe** Eisen 55,847 u 8/14/2	27 **C** Kobalt 58,933 u 8/15/2
5	M/N/O	37 **Rb** Rubidium 85,468 u 18/8/1	38 **Sr** Strontium 87,62 u 18/8/2	39 **Y** Yttrium 88,906 u 18/9/2	40 **Zr** Zirkonium 91,22 u 18/10/2	41 **Nb** Niob 92,906 u 18/12/1	42 **Mo** Molybdän 95,94 u 18/13/1	43 Tc Technetium 98,91 u 18/13/2	44 **Ru** Ruthenium 101,07 u 18/15/1	45 **R** Rhodiu 102,91 u 18/16/1
6	N/O/P	55 **Cs** Cäsium 132,91 u 18/8/1	56 **Ba** Barium 137,33 u 18/8/2	57 **La** Lanthan 138,91 u 18/9/2	72 **Hf** Hafnium 178,49 u 32/10/2	73 **Ta** Tantal 180,95 u 32/11/1	74 **W** Wolfram 183,85 u 32/12/2	75 **Re** Rhenium 186,21 u 32/13/2	76 **Os** Osmium 190,2 u 32/14/2	77 Iridium 192,22 u 32/15/2
zu 6	N/O/P	Lanthanoide →			58 **Ce** Cer 140,12 u 20/8/2	59 **Pr** Praseodym 140,91 u 21/8/2	60 **Nd** Neodym 144,24 u 22/8/2	61 Pm Promethium 146,9 u 23/8/3	62 **Sm** Samarium 150,35 u 24/8/2	63 **E** Europiu 151,96 u 25/8/2
7	O/P/Q	87 **Fr** Francium (223 u) 18/8/1	88 **Ra** Radium 226,03 u 18/8/2	89 **Ac** Actinium (227 u) 18/9/2	104 Rf Rutherford. (261 u) 32/10/2	105 Ha Hahnium (262 u) 32/11/2	106 (263 u) 32/12/2	107 Ns Nielsbohr. (262 u) –	108 Hs Hassium (265 u) –	109 M Meitneriu (266 u) –
zu 7	O/P/Q	Actinoide →			90 **Th** Thorium 232,04 u 18/10/2	91 **Pa** Protaktin. 231,04 u 20/9/2	92 **U** Uran 238,03 u 21/9/2	93 Np Neptunium 237,05 u 22/9/2	94 Pu Plutonium (244,1 u) 24/8/2	95 A Americiu (243,1 u) 25/8/2

10	11	12	13	14	15	16	17	18
								2 He Helium 4,0026 u 2
			5 B Bor 10,81 u 2/3	**6 C** Kohlenstoff 12,011 u 2/4	**7 N** Stickstoff 14,007 u 2/5	**8 O** Sauerstoff 15,999 u 2/6	**9 F** Fluor 18,998 u 2/7	**10 Ne** Neon 20,179 u 2/8
			13 Al Aluminium 26,982 u 2/8/3	**14 Si** Silizium 28,086 u 2/8/4	**15 P** Phosphor 30,974 u 2/8/5	**16 S** Schwefel 32,06 u 2/8/6	**17 Cl** Chlor 35,453 u 2/8/7	**18 Ar** Argon 39,948 u 2/8/8
Ni kel 71 u 6/2	**29 Cu** Kupfer 63,546 u 8/18/1	**30 Zn** Zink 65,38 u 8/18/2	**31 Ga** Gallium 69,735 u 8/18/3	**32 Ge** Germanium 72,59 u 8/18/4	**33 As** Arsen 74,922 u 8/18/5	**34 Se** Selen 78,966 u 8/18/6	**35 Br** Brom 79,904 u 8/18/7	**36 Kr** Krypton 83,80 u 8/18/8
Pd ladium ,4 u 18/0	**47 Ag** Silber 107,87 u 18/18/1	**48 Cd** Cadmium 112,41 u 18/18/2	**49 In** Indium 114,82 u 18/18/3	**50 Sn** Zinn 118,69 u 18/18/4	**51 Sb** Antimon 121,75 u 18/18/5	**52 Te** Tellur 127,60 u 18/18/6	**53 J** Jod 126,90 u 18/18/7	**54 Xe** Xenon 131,30 u 18/18/8
Pt tin ,09 u 17/1	**79 Au** Gold 196,97 u 32/18/1	**80 Hg** Quecksilber 200,59 u 32/18/2	**81 Tl** Thallium 204,37 u 32/18/3	**82 Pb** Blei 207,19 u 32/18/4	**83 Bi** Wismut 208,98 u 32/18/5	**84 Po** Polonium 208,98 u 32/18/6	**85 At** Astatin (210 u) 32/18/7	**86 Rn** Radon (222 u) 32/18/8
Gd dolinium ,25 u 9/2	**65 Tb** Terbium 158,93 u 27/8/2	**66 Dy** Dysprosium 162,50 u 28/8/2	**67 Ho** Holmium 164,93 u 29/8/2	**68 Er** Erbium 167,26 u 30/8/2	**69 Tm** Thulium 168,93 u 31/8/2	**70 Yb** Ytterbium 173,04 u 32/8/2	**71 Lu** Lutetium 174,97 u 32/9/2	
Cm rium 7,1 u) 9/2	**97 Bk** Berkelium (247,1 u) 27/8/2	**98 Cf** Californium (251,1 u) 28/8/2	**99 Es** Einsteinium (254,1 u) 29/8/2	**100 Fm** Fermium (257,1 u) 30/8/2	**101 Md** Mendelev. (258 u) 31/8/2	**102 No** Nobelium (259 u) 32/8/2	**103 Lr** Lawrencium (260 u) 32/9/2	

T 16 Übersicht über die chemischen Elemente

Name	Symbol	Z	Name	Symbol	Z	Name	Symbol	Z
Actinium	Ac	89	Helium	He	2	Quecksilber	Hg	80
Aluminium	Al	13	Holmium	Ho	67	Radium	Ra	88
Americium	Am	95	Indium	In	49	Radon	Rn	86
Antimon	Sb	51	Iridium	Ir	77	Rhenium	Re	75
Argon	Ar	18	Jod	I	53	Rhodium	Rh	45
Arsen	As	33	Kalium	K	19	Rubidium	Rb	37
Astat	At	85	Kobalt	Co	27	Ruthenium	Ru	44
Barium	Ba	56	Kohlenstoff	C	6	Rutherford.	Rf	104
Berkelium	Bk	97	Krypton	Kr	36	Samarium	Sm	62
Beryllium	Be	4	Kupfer	Cu	29	Sauerstoff	O	8
Blei	Pb	82	Lanthan	La	57	Scandium	Sc	21
Bor	B	5	Lawrencium	Lr	103	Schwefel	S	16
Brom	Br	35	Lithium	Li	3	Selen	Se	34
Cadmium	Cd	48	Lutetium	Lu	71	Silber	Ag	47
Caesium	Cs	55	Magnesium	Mg	12	Silicium	Si	14
Calcium	Ca	20	Mangan	Mn	25	Stickstoff	N	7
Californium	Cf	98	Meitnerium	Mt	109	Strontium	Sr	38
Cer	Ce	58	Mendelevium	Md	101	Tantal	Ta	73
Chlor	Cl	17	Molybdän	Mo	42	Technetium	Tc	43
Chrom	Cr	24	Natrium	Na	11	Tellur	Te	52
Curium	Cm	96	Neodym	Nd	60	Terbium	Tb	65
Dysprosium	Dy	66	Neon	Ne	10	Thallium	Tl	81
Einsteinium	Es	99	Neptunium	Np	93	Thorium	Th	90
Eisen	Fe	26	Nickel	Ni	28	Thulium	Tm	69
Erbium	Er	68	Nielsbohrium	Ns	107	Titan	Ti	22
Europium	Eu	63	Niob	Nb	41	Uran	U	92
Fermium	Fm	100	Nobelium	No	102	Vanadium	V	23
Fluor	F	9	Osmium	Os	76	Wasserstoff	H	1
Francium	Fr	87	Palladium	Pd	46	Wismut	Bi	83
Gadolinium	Gd	64	Phosphor	P	15	Wolfram	W	74
Gallium	Ga	31	Platin	Pt	78	Xenon	Xe	54
Germanium	Ge	32	Plutonium	Pu	94	Ytterbium	Yb	70
Gold	Au	79	Polonium	Po	84	Yttrium	Y	39
Hafnium	Hf	72	Praseodym	Pr	59	Zink	Zn	30
Hahnium	Ha	105	Promethium	Pm	61	Zinn	Sn	50
Hassium	Hs	108	Protactinium	Pa	91	Zirkonium	Zr	40

T

T 17 Bindungsenergie E_b und äquivalente Masse $m_b = E_b / c^2$ der Elektronenhülle verschiedener chemischer Elemente

Z	Element	E_b / keV	$m_b / u\ 10^{-6}$
5	B	0,7	0,8
6	C	1,0	1,1
10	Ne	3,4	3,6
11	Na	4,2	4,5
15	P	8,7	9,3
20	Ca	17	18
25	Mn	29	31
26	Fe	32	34
27	Co	34	37
30	Zn	44	47
35	Br	63	68
38	Sr	76	82
39	Y	81	87
40	Zr	86	92
45	Rh	113	122
50	Sn	145	156
55	Cs	181	194
56	Ba	189	203
57	La	197	211
60	Nd	222	238
65	Tb	267	287
70	Yb	318	341
75	Re	373	401
80	Hg	434	466
81	Tl	447	479
82	Pb	460	493
84	Po	486	522
85	At	500	537
86	Rn	514	551
90	Th	571	613
92	U	601	645
94	Pu	632	678
95	Am	648	695
100	Fm	730	784
105	Ha	816	876

T 18 Kernmasse m_k und Atommasse m_a von Nukliden

Z	Nuklid	m_k / u	m_a / u
1	$^{1}_{1}\mathrm{H}$	1,007 276 6	1,007 825 22
	$^{2}_{1}\mathrm{D}$	2,013 553 6	2,014 102 2
	$^{3}_{1}\mathrm{T}$	3,015 501	3,016 049 4
2	$^{3}_{2}\mathrm{He}$	3,014 932 8	3,016 029 9
	$^{4}_{2}\mathrm{He}$	4,001 506 5	4,002 603 6
3	$^{6}_{3}\mathrm{Li}$	6,013 481	6,015 126
	$^{7}_{3}\mathrm{Li}$	7,014 360	7,016 005
4	$^{9}_{4}\mathrm{Be}$	9,009 991 9	9,012 185 8
5	$^{10}_{5}\mathrm{B}$	10,010 196 7	10,012 938 9
	$^{11}_{5}\mathrm{B}$	11,006 562 9	11,009 305 1
6	$^{12}_{6}\mathrm{C}$	11,996 709 6	12,000 000 0
	$^{13}_{6}\mathrm{C}$	13,000 063 9	13,003 354 3
7	$^{14}_{7}\mathrm{N}$	13,999 235 9	14,003 074 4
	$^{15}_{7}\mathrm{N}$	14,996 269 6	15,000 108 1
8	$^{16}_{8}\mathrm{O}$	15,990 528 4	15,994 914 9
	$^{17}_{8}\mathrm{O}$	16,994 746 9	16,999 133 4
	$^{18}_{8}\mathrm{O}$	17,994 773 3	17,999 159 8
9	$^{19}_{9}\mathrm{F}$	18,993 470 2	18,998 404 6
10	$^{20}_{10}\mathrm{Ne}$	19,986 958 2	19,992 440 4
	$^{21}_{10}\mathrm{Ne}$	20,988 367	20,993 849
	$^{22}_{10}\mathrm{Ne}$	21,985 902 3	21,991 384 5

Z	Nuklid	m_k / u	m_a / u
11	$^{22}_{11}\mathrm{Na}$	21,988 407	21,994 437
	$^{23}_{11}\mathrm{Na}$	22,983 743	22,989 733
12	$^{24}_{12}\mathrm{Mg}$	23,978 468	23,985 045
	$^{25}_{12}\mathrm{Mg}$	24,979 263	24,985 840
	$^{26}_{12}\mathrm{Mg}$	25,976 014	25,982 591
13	$^{27}_{13}\mathrm{Al}$	26,974 410	26,981 535
14	$^{28}_{14}\mathrm{Si}$	27,969 255	27,976 927
	$^{29}_{14}\mathrm{Si}$	28,968 819	28,976 491
	$^{30}_{14}\mathrm{Si}$	29,966 089	29,973 761
15	$^{31}_{15}\mathrm{P}$	30,965 544	30,973 763
16	$^{32}_{16}\mathrm{S}$	31,963 308	31,972 074
	$^{33}_{16}\mathrm{S}$	32,962 694	32,971 460
	$^{34}_{16}\mathrm{S}$	33,959 098	33,967 864
	$^{36}_{16}\mathrm{S}$	35,958 325	35,967 091
26	$^{53}_{26}\mathrm{Fe}$	52,931 343	52,945 572
	$^{54}_{26}\mathrm{Fe}$	53,925 388	53,939 617
	$^{56}_{26}\mathrm{Fe}$	55,920 708	55,934 937
	$^{57}_{26}\mathrm{Fe}$	56,921 169	56,935 398
	$^{58}_{26}\mathrm{Fe}$	57,919 053	57,933 282
	$^{59}_{26}\mathrm{Fe}$	58,920 649	58,934 878

T

Z	Nuklid	m_k / u	m_a / u	Z	Nuklid	m_k / u	m_a / u
27	$^{55}_{27}Co$	54,927 238	54,942 013	84	$^{210}_{84}Po$	209,937 32	209,982 88
	$^{56}_{27}Co$	55,925 072	55,939 847		$^{211}_{84}Po$	210,941 10	210,986 66
	$^{57}_{27}Co$	56,921 521	56,936 296		$^{212}_{84}Po$	211,943 31	211,988 87
	$^{58}_{27}Co$	57,920 986	57,935 761		$^{214}_{84}Po$	213,949 65	213,995 21
	$^{59}_{27}Co$	58,918 415	58,933 190		$^{215}_{84}Po$	214,953 87	214,999 43
	$^{60}_{27}Co$	59,919 039	59,933 814		$^{216}_{84}Po$	215,956 36	216,001 92
	$^{61}_{27}Co$	60,917 665	60,932 440		$^{218}_{84}Po$	217,963 37	218,008 93
55	$^{133}_{55}Cs$	132,875 38	132,905 36	86	$^{219}_{86}Rn$	218,926 85	219,009 48
	$^{134}_{55}Cs$	133,876 85	133,906 83		$^{220}_{86}Rn$	219,964 77	220,011 40
	$^{135}_{55}Cs$	134,875 79	134,905 77		$^{222}_{86}Rn$	221,970 90	222,017 53
	$^{136}_{55}Cs$	135,877 36	135,907 34	92	$^{233}_{92}U$	232,989 70	233,039 52
	$^{137}_{55}Cs$	136,876 79	136,906 77		$^{234}_{92}U$	233,991 08	234,040 90
82	$^{204}_{82}Pb$	203,928 56	203,973 05		$^{235}_{92}U$	234,994 10	235,043 92
	$^{205}_{82}Pb$	204,929 99	204,974 48		$^{236}_{92}U$	235,995 82	236,045 64
	$^{206}_{82}Pb$	205,929 98	205,974 47		$^{237}_{92}U$	236,998 79	237,048 61
	$^{207}_{82}Pb$	206,931 42	206,975 91		$^{238}_{92}U$	238,000 95	238,050 77
	$^{208}_{82}Pb$	207,932 18	207,976 67		$^{239}_{92}U$	239,004 48	239,054 30
	$^{209}_{82}Pb$	208,936 60	208,981 09		$^{240}_{92}U$	240,006 77	240,056 59
	$^{210}_{82}Pb$	209,939 70	209,984 19	94	$^{238}_{94}Pu$	237,998 62	238,049 51
	$^{211}_{82}Pb$	210,944 26	210,988 75		$^{239}_{94}Pu$	239,001 26	239,052 15
	$^{212}_{82}Pb$	211,947 42	211,991 91		$^{240}_{94}Pu$	240,002 99	240,053 88
	$^{214}_{82}Pb$	213,955 28	213,999 77		$^{241}_{94}Pu$	241,005 85	241,056 74
					$^{242}_{94}Pu$	242,007 84	242,058 73

T 19 Zerfallsreihen von Radionukliden

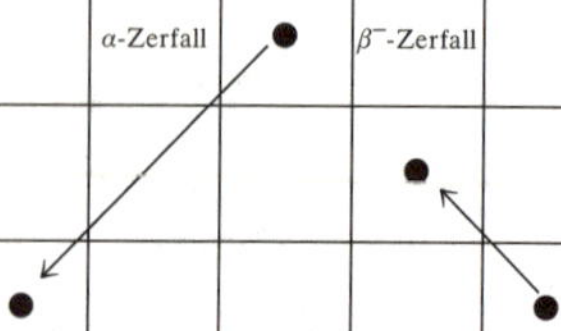

Symbol — **Rn 219** — Massenzahl
4,0 s — Halbwertsze
Strahlenarten { α 6,8 / γ 0,40 } Max. Energ in MeV

Z \ N	124	125	126	127	128	129	130	131	132	133	134	135
95												
94												
93												
92												
91												
90												
89												
88												**Ra 22** 11 d α 5, γ 0,
87											**Fr 221** 4,9 min α 6,3 γ 0,41	
86										**Rn 219** 4,0 s α 6,8 γ 0,40	**Rn 220** 56 s α 6,3 γ 0,55	
85									**At 217** 32 ms α 7,1 γ 0,60			
84			**Po 210** $1{,}4 \cdot 10^2$ d α 5,3 γ 0,80		**Po 212** 0,30 µs α 8,8 γ –	**Po 213** 4,2 µs α 8,4 γ –	**Po 214** 0,16 ms α 7,7 γ 0,80	**Po 215** 1,8 ms α 7,4 γ 0,44	**Po 216** 0,15 s α 6,8 γ 0,81		**Po 218** 3,1 min α 6,0 γ –	
83			**Bi 209** stabil	**Bi 210** 5,0 d β^- 1,2 γ 0,31	**Bi 211** 2,2 min α 6,6 γ 0,35	**Bi 212** 61 min β^- 2,3 α 6,1 γ 0,73	**Bi 213** 46 min β^- 1,4 γ 1,1	**Bi 214** 20 min β^- 3,3 γ 1,8				
82	**Pb 206** stabil	**Pb 207** stabil	**Pb 208** stabil	**Pb 209** 3,3 h β^- 0,6 γ –	**Pb 210** 22 a β^- 0,06 γ 0,047	**Pb 211** 36 min β^- 1,4 γ 0,83	**Pb 212** 11 h β^- 0,60 γ 0,30		**Pb 214** 27 min β^- 1,0 γ 0,35			
81			**Tl 207** 4,8 min β^- 1,4 γ 0,90	**Tl 208** 3,0 min β^- 2,4 γ 2,6								

										Am 241 $4,3 \cdot 10^2$ a α 5,5 γ 0,06	
											Pu 241 14 a β^- 0,02 γ 0,15
								Np 237 $2,1 \cdot 10^6$ a α 4,8 γ 0,087			
					U 233 $1,6 \cdot 10^5$ a α 4,8 γ 0,097	**U 234** $2,5 \cdot 10^5$ a α 4,8 γ 0,12	**U 235** $7,0 \cdot 10^8$ a α 4,4 γ 0,19			**U 238** $4,5 \cdot 10^9$ a α 4,2 γ 0,050	
				Pa 231 $3,3 \cdot 10^4$ a α 5,0 γ 0,30		**Pa 233** 27 d β^- 0,6 γ 0,34	**Pa 234** 1,2 min β^- 2,3 γ 1,0				
	Th 227 19 d α 6,0 γ 0,26	**Th 228** 1,9 a α 5,4 γ 0,22	**Th 229** $7,3 \cdot 10^3$ a α 4,9 γ 0,21	**Th 230** $7,5 \cdot 10^4$ a α 4,7 γ 0,14	**Th 231** 26 h β^- 0,4 γ 0,084	**Th 232** $1,4 \cdot 10^{10}$ a α 4,0 γ 0,059		**Th 234** 24 d β^- 0,2 γ 0,092			
225 d 5,8 0,19		**Ac 227** 22 a β^- 0,04 γ 0,01	**Ac 228** 6,1 h β^- 2,1 γ 0,97								
224 d 5,7 0,65	**Ra 225** 15 d β^- 0,4 γ 0,040	**Ra 226** $1,6 \cdot 10^3$ a α 4,8 γ 0,26		**Ra 228** 5,8 a β^- 0,04 γ 0,010							
222 d 5,5 0,51										**Zerfallsreihen: Name, Raster**	
										Uran-Radium	
										Uran-Actinium	
										Thorium	
										Neptunium	
136	137	138	139	140	141	142	143	144	145	146	147

T 20 Beispiele radioaktiver Präparate für Schulversuche

Die Präparate müssen den Bestimmungen der Strahlenschutzverordnung gemäß aufbewahrt und verwendet werden.
Bei der Aktivität von Präparaten wird nur die *austretende* Strahlung berücksichtigt.

Präparat-bezeichnung	Radioaktiver Zerfall (Halbwertszeit)	$\frac{A}{\text{kBq}}$	Austretende Strahlung maximale Energie in MeV
$^{22}_{11}Na$	$^{22}_{11}Na \xrightarrow[(2{,}6\ a)]{\beta^+} {}^{22}_{10}Ne$; stabil	74	β^+; 1,8 (γ; 1,3)
$^{60}_{27}Co$	$^{60}_{27}Co \xrightarrow[(5{,}3\ a)]{\beta^-} {}^{60}_{28}Ni$; stabil	74	γ; 1,3 (β^- wird absorbiert)
$^{90}_{38}Sr$ / $^{90}_{39}Y$	$^{90}_{38}Sr \xrightarrow[(29\ a)]{\beta^-} {}^{90}_{39}Y \xrightarrow[(64\ h)]{\beta^-} {}^{90}_{40}Zr$; stabil	74	β^- aus $^{90}_{39}Y$; 2,3 (γ; 2,2) (β^- aus $^{90}_{38}Sr$ wird absorb.)
Thoriumsalz	Thorium-Reihe ► T19 $^{220}_{86}Rn$ (56 s) kann als Gas dem Präparat entnommen werden.	37	α aus $^{220}_{86}Rn$; 6,3 (γ; 0,55)
$^{241}_{95}Am$	Neptunium-Reihe ► T19	74	vorwiegend α; 5,5 (γ; 0,06)

Frühere Einheit der Aktivität A: 1 Curie (Ci) = $3{,}70 \cdot 10^{10}$ Bq

Stichwortverzeichnis

Die Zahlen beziehen sich auf die Seiten; ~ bezeichnet sprachliche Endungen.

Abbildungsgleichungen für Linsen . 50
abgeleitete SI-Einheiten 74
abgeschlossenes System 15
Abkühlung 34
Absorption 62
Äquivalentdosis 62, 72, 74
Aktivität(Radio-) . . 61 f., 72, 74, 92 ff.
Akustik . . . . 23 f.
allgemeine Gaskonstante 32 ff., 70, 76
Alphateilchen . . . . 76, 92 ff.
Ampere (A) . . . . 70 f., 73 f.
Amplitude . . . . 21 ff., 51, 69
Angriffspunkt 8
Arbeit . . . . 14 f., 20, 35, 38 f., 56, 68, 71, 74 f., 85
Arbeit-Energie-Prinzip 15
astronomische Daten 72, 80
Einheit 65
Entfernungen 65
Größen 72, 80
Atmosphäre, physikalische (atm) . . 68
, technische (at) . . . 68
atomare Masseneinheit . 72, 75 f., 86 ff.
Atombau . . . . 58 f.
Atomkernradius 60
Atommasse . . . . . 60, 72, 75 f., 86 ff.
Atomphysik . . . . 55 ff., 72
Aufladung eines Kondensators . . . 41
Auftrieb, statischer 8
, dynamischer 30
Auftriebsbeiwert 30
Ausbreitungsgeschwindigkeit des
Lichtes 50, 52, 55 ff., 59 f., 71, 73, 76
von Wellen 23, 25, 57, 69, 83
Ausdehnung bei Erwärmung 31, 70, 81 f.
Austrittsarbeit 56, 85
AVOGADRO-Konstante . . 32 f., 55, 76

Bahnellipse . . . . 17 f., 65
Bahngeschwindigkeit . . 11 f., 18 f., 68
Bar (bar) 75
Bauch einer stehenden Welle 25
Becquerel (Bq) 72, 74
Beleuchtungsstärke . . . . 53 f., 71
BERNOULLI-Gleichung 29
Beschleunigung . . . 9 ff., 14, 19, 68 f.
Beschleunigungsarbeit . . . . 14 f.
Beschleunigungsvektor . . . . 10 f.
Bestrahlungsstärke . . . . 53, 66 f., 71
Betastrahl . . . . 62, 92 ff.
Beugung 24, 49
Bewegung, geradlinige . . . . 9 f.
Bewegungsgleichungen . . . . . 9 f., 19
Bewegungsgröße 13
Bewertungsfaktor 62, 72
Bezugssystem . . . . 63 f.
Bindungsenergie . . . . 59 f., 89
BOHR-Postulate 58
Quantenbedingung 58
BOLTZMANN-Konstante . . . 32 ff., 76
BOYLE-MARIOTTE-Gesetz 33
BRAGG-Beziehung 51
Brechung des Lichtes 50
von Wellen 23
Brechungsgesetz 23, 50
Brechungswinkel 23, 50
Brechzahl . . . . 23, 50 f., 71, 84
Brennweite 50, 71
BREWSTER-Gesetz 52

Candela (cd) 71, 73
CELSIUS,
Temperaturangaben nach . . . 31, 70
chemische Elemente,
Periodensystem . . . . 86 f.

COMPTON-Effekt 56
Coulomb (C) 70, 74
COULOMB-Potential 40
COULOMB-Gesetz 40
Curie (Ci) 72, 94

Daten der Erde 80
der Sonne 80
von Himmelskörpern des Sonnensystems 80
Dichte . . . . 7 f., 29 ff., 68, 78
Dielektrizitätskonstante . . . 39 f., 71
Differentialgleichung der
elektrischen Schwingung . . . . 47 f.
mechanischen Schwingung 22
Dipol, Schwingung 49
Doppelspalt 24, 51
DOPPLER-Effekt
, akustischer 27
, optischer 52, 66
, relativistischer 63
Drehachse 7, 20, 81
Drehbewegung eines starren
Körpers . . . . 19 f.
Drehimpuls 20
Drehmoment . . . . 7 f., 19 f., 69
Drehmomentstoß 20
Drehwinkel . . . . 11, 19 ff.
Druck . . . 8, 28 f., 32 ff., 68, 74 f., 82
dynamischer (Staudruck) . . . . 28 f.
Gesamt- 29
hydrostatischer 8
statischer . . . . 28 f.
Druckenergie(dichte) 28
Dur-Tonleiter 26

Effekt, lichtelektrischer 56
Effektivwerte . . . . 45 f.
Eigenfrequenz 47
Einfachspalt 24, 51
Einfallswinkel . . . . 23, 50 f.
Einheiten physikalischer Größen . 68 ff.
der Arbeit und Energie . 68 f., 74 f.
des Druckes . . . . 68, 74 f.
der Kraft 68, 74
der Länge 68, 73
der Leistung . . . . 69, 71 f.
der Masse 68, 73, 75
der Stoffmenge . . . . 70, 72 f.
der Temperatur 31, 73
der Zeit 68, 73, 75
gesetzliche . . . . 73 f.
EINSTEIN-Gleichung
(lichtelektr. Effekt) 56
elektrisch ~ Arbeit . . . . 37 f., 71
Feld . . . . 38 ff., 55
Feldkonstante . 39 f., 48, 59, 71, 76
Feldstärke . . . . 38 ff., 48, 70
Flussdichte . . . . 39 f., 71
Größen . . . . 70 f.
Kapazität . . . . . 40, 46 ff., 71, 74
Ladung . . . 36, 38 ff., 55 ff., 70, 74
Leistung 37, 46, 71
Potential 38, 70
Spannung . . . . . 36 ff., 55 f., 70, 74
Stromstärke . . . 36 f., 45 f., 70, 73
Widerstand . . 36 f., 45 f., 70, 74, 83
Elektrizitätslehre . . . . . . 36 ff., 70 ff.
elektromagnetisch ~ Schwingkreis . 47
Wellen . . . . 48 f.
Elektron . . . . 44, 56, 58 ff., 76
Elektronvolt 75
Elementarladung . . 44, 55 f., 59 f., 76
Elementarwelle 24
Ellipsenbahn . . . . 17 f., 65
Elongation . . . . 21 f., 25, 69
Energie . . . 14 f., 20, 22, 28, 32, 35, 39 f., 43 f., 53, 56 ff., 64, 69, 71, 74 f.
Druck- . . . . 28 f.
, Erhaltungssatz der mechanischen 15
, innere 35
, kinetische . . 15, 22, 28, 32, 56, 64
, mechanische 15

, mittlere kinetische 32
, potentielle 15, 22
, relativistische 64
Rotations- 20
Schwingungs- 22
-Impuls-Beziehung 64
-Masse-Beziehung 64, 75
-Zeit-Beziehung 57
Energiedichte
der Strömung eines Fluids . . . 28 f.
des elektrischen Feldes 39
des magnetischen Feldes 44
Energiedosis 62, 72, 74
Energiestufen des Elektrons im Wasserstoffatom 59
Entfernungsmodul eines Sternes . . 67
Entladung eines Kondensators . . . 41
Erddaten 80
Erhaltungssatz des Drehimpulses . . 20
des Impulses 13
der mechanischen Energie 15
Erwärmung . . . . 31, 34, 81 f.

Fallbeschleunigung 8, 12, 18, 35, 76, 80
Farad (F) 71, 74
FARADAY-Konstante 55, 76
Federkonstante . . . . 7, 14 f., 69
Feld ~, elektrisches . . . . . 38 ff., 55
, Energiedichte des elektr. . 39
, Energiedichte des magn. . . 44
, magnetisches . . . 42 ff., 55, 71
Feldkonstante
, elektrische . . 39 f., 48, 58, 71, 76
, magnetische 43, 48, 71, 76
Feldstärke, elektrische . . 38 ff., 48, 70
Fläche . . . . 8, 42, 53 ff.
Fluchtgeschwindigkeit 67
Fluggeschwindigkeit 30
Fluid . . . . 28 ff.
Flussdichte, elektrische . . . . . 39 f., 71
, magnetische 42 ff., 49, 71, 74
FRAUNHOFER-Linien 84
freie Weglänge, mittlere 33
Frequenz 10, 21 ff., 45 ff., 52, 56 ff., 69, 74

Gammastrahl . . . . 62, 92 ff.
Gangunterschied 51
Gas, Zustandsgleichung des idealen 33
Gasgesetze 33
Gaskonstante, allgemeine 32 ff., 70, 76
Gastheorie, kinetische . . . . 32 f.
GAY-LUSSAC-Gesetz 33
geladene Teilchen 55
geometrische Optik 50
geradlinige Bewegung . . . . 9 f.
Gesamtdruck 29
Gesamtreibung 79
Geschwindigkeit . . . . 9 ff., 32 f., 55, 58, 63 f., 68 f.
Geschwindigkeitsabhängigkeit
der Masse 64
Geschwindigkeitsquadrat, mittleres 32
Geschwindigkeitsvektor . . . . . . 9 ff.
Geschwindigkeitsverteilung, MAXWELL- 33
Gesetz, BOYLE-MARIOTTE- 33
, BREWSTER- 52
, COULOMB- 40
, GAY-LUSSAC- 33
, Gravitations- 16
, HOOKE- 7
, MOSELEY- 59
, OHM- 36
, PLANCK, Strahlungs- 54
, STEFAN-BOLTZMANN- 54
, WIEN-Verschiebungs- 54
Gesetze, KEPLER- . . . . 17 f.
, NEWTON- . . . . . . 12 f., 16
gesetzliche Einheiten 73
Gewichtskraft 8, 12, 14, 68
Gitter, Kristall- 51
, optisches 51
Gleichgewicht . . . . 7 f.

Gleichung
, BERNOULLI- 29
, EINSTEIN- (lichtel. Effekt) . . . 56
, STOKES- 29
Gleitreibung 79
Grad Celsius (°C) 31, 70
Gravitationsgesetz 16
Gravitationskonstante 16ff., 76
Gray (Gy) 72, 74
Gravitationspotential 17
Grenzwellenlänge (lichtelek. Effekt) 85
Größen, astronomische 72
, atomphysikalische 72
, elektrische . . . . 70f.
, magnetische 71
, mechanische . . . . 68f.
, optische 71
, Schwingungs- und Wellen- 69
, Wärme- 70
Größenklassen der Sterne 67

Haftreibung 79
Halbwertsdicke 62
Halbwertszeit . . . . 61, 72, 92ff.
HALL-Spannung 44
harmonische Schwingung . . . . . 21f.
Hauptsätze der Wärmelehre 35
Hebelgesetz 8
HEISENBERG, Unschärferelationen . 57
Helligkeiten der Sterne . . 67, 72, 80
HELMHOLTZ-Spulenpaar 44
Henry (H) 71, 74
Hertz (Hz) 69, 74
Himmelskörper
des Sonnensystems . . 17f., 65, 80
HOOKE-Gesetz 7
Hubarbeit 14
HUBBLE-Beziehung 67
HUYGENS-Prinzip 24

Ideales Gas, Zustandsgleichung . . 33
Impuls 13, 56f., 64, 68
Impulserhaltungssatz 13
Impuls-Ort-Beziehung 57
Induktionsgesetz 43
Induktivität 43f., 47f., 71, 74
Inertialsystem . . . . 63f.
innere Energie 35
Interferenz 22, 24, 51

Jahr (a) 75
Joule (J) . . . . 68ff., 74ff.

Kalorie (cal) 70
Kantenlänge der Elementarzelle . . 85
Kapazität (elektrische) 40, 47f., 71, 74
Kelvin (K) 31, 70, 73
KEPLER-Gesetze . . . . 17f.
Kernaufbau . . . . 59f.
Kernladungszahl 59f., 72
Kernmasse . . . . 60, 72, 90f.
Kilogramm (kg) . . . . 68ff., 73ff.
Kilopond (kp) 68
Kinematik, relativistische 63
kinetische Energie 15, 22, 28, 32, 56, 64
, mittlere 32
kinetische Gastheorie . . . . 32f.
Körper, punktförmiger 7, 9ff., 14, 20
, schwarzer 54
, starrer . . . . 19f.
Knoten einer stehenden Welle . . . 25
Kondensator . . . . 38ff., 46f.
konservative Kraft 15
Konstante, AVOGADRO- . . 32, 55, 76
, BOLTZMANN- 32f., 76
, FARADAY- 55, 76
, HUBBLE- 67, 76
, KEPLER- 17, 76
, PLANCK- 56ff., 77
, PLANCK-Strahlungs- 54, 77
, RYDBERG- 58f., 77
, STEFAN-BOLTZMANN- 54, 77
, WIEN-Verschiebungs- 54, 77

Konstanten der Physik . . . . 76 f.
Kontinuitätsgleichung 28
Koordinatensystem . . . . . . 9 ff., 63 f.
kosmische Geschwindigkeiten . . . 76
Kraft . 7 f., 12 ff., 16 f., 21, 29 f., 38 ff. 42, 55, 68, 74
Kraftmoment 7
Kraftstoß 13
Kreisbahn . . . . 17 f.
Kreisbewegung . . . . 10 ff., 17 ff.
Kreisfrequenz . . . . . 21 ff., 45 ff., 69
Kristallgitter 51

Ladung (el.) . . 36, 38 ff., 55 f., 70, 76
, spezifische 55, 76
Länge 7, 31, 68, 73
Längenausdehnungskoeffizient 31, 70, 81
Längenkontraktion 63
Längswelle 23
Lautstärkepegel 27
Lebensdauer, mittlere 61
Leistung 14, 20, 37, 46, 53 f., 69, 71, 74
Leitungswiderstand 36, 45
Leuchtkraft von Sternen . . . 66 f., 72
Licht, Polarisation des 52
lichtelektrischer Effekt 56
, Grenzwellenlänge des 85
Lichtgeschwindigkeit . . . 48 ff., 55 ff., 59, 63 f., 71, 75 f.
Lichtgrößen . . . . 53 f.
Lichtjahr 65
Lichtleistung 53
Lichtmenge 53
Lichtstärke 71, 73
Lichtwellen . . . . 51 f.
LORENTZ-Kraft 42, 55
LORENTZ-Transformation 63
Luftdruck 35
Luftsäule 25
Luftwiderstandskraft . . . . 29 f.
Lumen (lm) 71
Lux (lx) 71

MACH-Zahl 27
magnetisch ~ Feld . . . . 42 ff., 55, 71
Feldkonstante . . . 43 f., 48, 71, 76
Fluss . . . . 42 f., 45, 71, 74
Flussdichte (Induktion) 42 ff., 48, 71, 74
Größen 71
Masse . 7, 12 ff., 20, 22, 32 ff., 55 ff., 64, 67, 68 ff., 73, 75
molare . . . . 32 ff., 35, 70, 72
Masse-Energie-Beziehung 64, 75
Masse-Leuchtkraft-Beziehung 67
Massendefekt 60
Massenpunkt 13
Massenzahl 59, 72
Materiewellen 57
MAXWELL-Geschwindigkeitsverteilung 33
Mechanik . . . . 7 ff., 68 f.
mechanisch ~ Energie 15
, Erhaltungssatz der 15
, Schwingungen . . . . 21 f.
, Wellen . . . . 23 ff.
Medium 50, 52
Meter (m) . . . . 68 ff., 73
Minute (min) 72, 75
mittler ~ freie Weglänge 33
Geschwindigkeitsquadrat . . . . 32 f.
kinetische Energie 32
Lebensdauer 61
Mol (mol) . . . . 70, 72 f.
molare Masse . . . . . 32 ff., 35, 70, 72
Wärmekapazität 34
Moll-Tonleiter 26
MOSELEY-Gesetz 59

Neptunium-Reihe . . . . 92 f.
Neutronen(zahl) 59, 72
Newton (N) . . . . 68 f., 74
NEWTON-Gesetze . . . . 12 f., 16
Normalkraft 7
Nukleonen(zahl) 59, 72
Nuklid . . . . 60, 90 ff.

Oberschwingung 25, 49
Ohm (Ω) . . . . 70 f., 74
OHM-Gesetz 36
Optik, geometrische 50
, Wellen- . . . . 51 f.
optisch ~ Dopplereffekt 52, 66
Gitter 51
Ordnungszahl . . . . 59 f., 72
Ort-Impuls-Beziehung 57
Ortsfaktor 8
Ortsvektor . . . . 8 ff., 17, 68

Parallaxe 65
Parallelresonanz 47
Parallelschaltung 37, 40, 44
Parsec (pc) 65
Pascal (Pa) 68, 75
Periodendauer . . . . 21 f., 67
Periodensystem der chemischen
Elemente . . . . 86 f.
Permeabilität 43, 71
Permittivität . . . . 39 f., 71
Pferdestärke (Ps) 69
Phasengeschwindigkeit 57
physikalische Größen . . . . . . 68 ff.
Photon 56, 58
PLANCK- ~ Konstante 56 ff., 77
Strahlungsgesetz 54
Strahlungskonstanten 54, 77
Planetenbahnen . . . . 17 f., 65
Plattenkondensator . . . . 38 ff.
Polarisation des Lichtes 52
Postulate, BOHR- 58
Potential . . . . 17, 38 ff., 70
potentielle Energie 15, 22
Potentiometerschaltung 37
Präparate, radioaktive 94
Prinzip, HUYGENS- 24
, Arbeit-Energie 15
Protonen(zahl) . . . . 59 f., 72
punktförmiger Körper . 7, 9 ff., 14, 20

Quantenbahnen . . . . 58 f.
Quantenbedingung, BOHR- 58
Querwelle 23

Rad (Einheit) 72
Radiant (rad) 68
radioaktive ~ Präparate 94
Zerfallsgesetz 61
Radioaktivität . . . . 61 f.
Rechtssystem 42, 48, 55
Reflexion von Wellen 23
von Licht 50
Reflexionsgesetz 50
Reflexionswinkel . . . . 23, 50 f.
Reibungsarbeit 14
Reibungskraft 7, 14
Reibungszahl 7, 69, 79
Reihenschaltung 36, 40, 43
Relativgeschwindigkeit . . . . 52, 63 f.
Relativitätstheorie, spezielle . . . 63 f.
relativistische ~ Addition von
Geschwindigkeiten 63
DOPPLER-Effekt 63
Dynamik 64
Energie 64
Impuls 64
Kinematik 63
Rem (Einheit) 72
Richtgröße . . . . 21 f.
Rotationsenergie 20
Rollreibung 79
ROENTGEN-Bremsstrahlung 56
ROENTGEN-Spektren 59
Ruheenergie . . . . 64, 76 f.
Ruhemasse . . . . 56, 64, 76 f.
RYDBERG-Konstante . . . . . 58 f., 77

Saite 25
Satellit 18
Schallfeld 27
Schallgeschwindigkeit 27, 83
Schallintensität 27

Scheitelspannung . . . . 45 f.
Scheitelstromstärke . . . . 45 f.
Schmelztemperatur . . . . 81 f.
Schmelzwärme, spez. . . . . 81 f.
Schwächungskoeffizient 62, 72
schwarzer Körper 54
Schwebung 22
Schwingkreis, elektromagnetischer . 47
Schwingung, Differentialgleichung
der gedämpften elektrischen . . . 48
der ungedämpften elektrischen . 47
der ungedämpften mechanischen 22
Schwingungsamplitude . . . . . . 21 ff.
Schwingungsenergie 22
Schwingungsphase . . . . 21 f., 47, 69
Sehwinkel 50
Sekunde (s) . . . . 68 ff., 75
Serien des Wasserstoffspektrums . . 58
SI-Einheiten . . . . 68 ff.
siderische Umlaufzeit 65
Siedetemperatur 82
Siemens (S) . . . . 70 f.
Sievert (Sv) 72, 74
Solarkonstante 66, 77
Sonnensystem,
Himmelskörper des . . 17 f., 65, 80
Spannarbeit 14
Spannung, elektrische 36 ff., 55 f., 70, 74
Spannungsstoß 41
Spannungsteiler 37
Spektrallinien, Wellenlänge einiger 84
Spektralterme . . . . 58 f.
spezielle Relativitätstheorie . . . . 63 f.
spezifisch ~
elektrischer Widerstand . 36, 70, 83
Ladung . . . . 55, 76 f.
Schmelzwärme . . . . 81 f.
Wärmekapazität . . . 34 f., 70, 81 f.
Spule . . . . 42 ff., 46 f.
starrer Körper, Drehbewegung . . 19 f.
Staudruck . . . . 28 f.
STEFAN-BOLTZMANN-Gesetz 54
STEFAN-BOLTZMANN-Konstante . 54, 77
stehende Wellen 25, 49
Steinkohleneinheit 75
Steradiant (sr) 68
Stoffmenge . . . . 32 ff., 70, 73
STOKES-Gleichung 29
Stoßgesetze 16
Strahlung . . . . . 53 f., 61 f., 66 f., 71
Strahlungsenergie 53
Strahlungsgrößen . . . . 53, 71 f.
Strahlungsleistung . . . 53 f., 66, 71 f.
Strömungslehre . . . . 28 f.
Stromstärke,
elektrische . . . . 36 f., 45 ff., 70, 73
Stunde (h) 72, 75
synodische Umlaufzeit 65

Tag (d) 72, 75
Teilchen, geladene 55
Teilchengeschwindigkeit . 32 f., 55, 57
Teilchenzahl . . . . 32 f.
Temperatur . . . . 31 ff., 70, 73
Temperaturausgleich 35
temperierte Stimmung 26
Tesla (T) 71, 74
thermische Daten . . . . 81 f.
THOMSON-Gleichung 47
Thorium-Reihe . . . . 92 f.
Tonfrequenz 26
Tonintervall 26
Tonleiter 26
Torr (Einheit) 68
Trägheitsgesetz 12
Trägheitsmoment . . . . . 19 f., 69, 81

Überlagerung von Schwingungen . . 22
Überschallgeschwindigkeit 27
Uhrzeigersinn 7
Umlaufsdauer 10, 69
Umlaufzeit, siderische 65
, synodische 65

Unschärferelationen 57
Uran-Actinium-Reihe . . . . 92 f.
Uran-Radium-Reihe . . . . 92 f.

Vakuumlichtgeschwindigkeit . . 48 ff., 55 ff., 59 f., 63 f., 73, 75 f.
Vektor . . 8 ff., 17, 20, 29 f., 38 ff., 55
Viskosität 29
Vergrößerung optischer Geräte . . . 50
Volt (V) . . . . 70 f., 74
Volumen . 8, 28 f., 31, 33 f., 68, 70, 82
Volumenausdehnungskoeffizient 31, 70, 82
Vorsätze bei Einheiten 74

waagrechter Wurf 10
Wärme . . . . 34 f., 70, 74
Wärmegrößen . . . . . . 31 ff., 70, 81 f.
Wärmekapazität . . . . 34 f., 70
, spezifische . . . . . 34 f., 70, 81 f.
, molare . . . . 34 f., 70
Wärmelehre . . . . 31 ff., 70
Wärmekraftmaschine 35
Wasserstoffatom . . . . . 58 f., 77, 84
-spektrum 58, 84
Watt (W) . . . . 69 ff., 74
Weber (Wb) 71, 74
Wechselstromkreis . . . . 45 ff.
Weglänge, mittlere freie 33
Wellen, elektromagnetische . . . 48 f.
, Licht- . . . . 51 f.
, mechanische . . . . 23 ff.
, stehende 25, 49
Wellengleichung 23, 25
Wellenlänge . 23 ff., 49, 51 f., 54, 56 f., 58 f., 69, 84 f.
Wellenlänge einiger Spektrallinien . 84
Grenz- (lichtel. Effekt) 85
Wellenoptik . . . . 51 f.
Wellenwiderstand 77
Wellenzahl . . . . 58 f.
Widerstand,
elektrischer . . . . 36 f., 45 f., 70, 74
induktiver 46
kapazitiver 46
Widerstandsbeiwert . . . . . 29 f., 79
Widerstandskraft . . . . 29 f.
WIEN-Verschiebungsgesetz 54
WIEN-Verschiebungskonstante . 54, 77
Winkel . . . . 11, 19 ff., 68, 74
Winkelbeschleunigung 19, 69
Winkelgeschwindigkeit 10 ff., 19 ff., 69
Winkelweg 11
Wirkleistung 46
Wirkungsgrad 15, 35, 69
Wirkungslinie 7
Wurf, waagrechter 10

Zähigkeit 29
Zeigerdiagramm . . . . 22, 46 ff.
Zeit . . 9 ff., 17 ff., 21 ff., 25, 36 f., 42, 46 ff., 53, 57, 63, 68, 73, 75
Zeitdilatation 63
Zentralgestirn . . . . 17 f.
Zentripetalbeschleunigung 11
Zentripetalkraft 12
Zerfallsgesetz, radioaktives 61
Zerfallskonstante 61, 72
Zerfallsreihen . . . . 92 f.
Zustandsgleichung des idealen Gases . . . . 31 f.
Zweikörperproblem 18